青春文庫

日本人の9割が答えられない
理系の大疑問100

話題の達人倶楽部［編］

青春出版社

はじめに

夜空に輝く星の中には「何百光年」「何千光年」……も彼方にあるものがある。地球を1秒で7周半する光の速さで「何千年」もかかる距離を、どうやって測っているんだろう、と不思議に思ったことはないだろうか？

あるいは、日頃何かと重宝している電卓。どんな計算式を入れても計算間違いをしないのはなぜだろうか？　老舗のうなぎ屋は「秘伝のタレ」を創業時から使い続けているのが売りだったりする。しかし、それでなぜ腐ったりしないのか、よくよく考えてみると不思議である。

もちろん、それらにはちゃんとした科学的根拠がある。

そんな「理系の視点」で世の中を見つめてみると、なんとなく「当たり前だよね」と思っていたことでも、じつは理由を詳しく知らないことがたくさんあることに気づく。それらを100のギモンとしてまとめたのが本書だ。

いつも不思議に思っていたことを、科学的に理解して「気分スッキリ」となっていただきたい。

話題の達人倶楽部

日本人の9割が答えられない 理系の大疑問100 目次

第1章 うなぎ屋の「秘伝のタレ」、なぜ200年使い続けても腐らない？

～ずっと気になっていた「身近な科学」の大疑問9

第2章 電卓はなんで計算間違いをしないのか？

~いまさら他人に聞けない「IT・電気・メカ」の大疑問11

第3章 「何万光年」離れた星の距離をどうやって測っているの？

~子どもに聞かれても答えに詰まる「宇宙・天体」の大疑問9＋8

第4章 調味料はなぜ「さしすせそ」の順で入れるといいのか?
〜当たり前のようで理由を知らない「料理・生活科学」の大疑問12

第5章 どうして心臓だけはガンにならないの？
～知ってるようで知らない「医学・人体」の大疑問9＋8

第6章　海の塩分濃度はどんどん高くなっていかないのか？
～理科の先生も教えてくれない「地球・自然」の大疑問14

第7章 オートファジー・青色発光ダイオード・iPS細胞…は何がどうすごいの？
～知ってるだけで鼻が高くなる「最先端科学」の大疑問10＋10

編集協力／タンクフル
カバー&扉イラスト／Macrovector/Shutterstock.com
DTP／エヌケイクルー

第1章

うなぎ屋の「秘伝のタレ」、なぜ200年使い続けても腐らない？

～ずっと気になっていた「身近な科学」の大疑問9

1 なぜコピー機の倍率は「141％」などと半端なの？……

紙を複写するコピー機や複合機（スキャン、コピー、印刷、FAXなど複数の機能を持つ機械）は、拡大、縮小機能を持っている。コピー機に標準で登録されている倍率を確認すると「141％」とか「71％」などと中途半端な数値になっている。もちろん1％刻みで倍率を設定することも可能なのだが、なぜこのような中途半端な倍率設定なのだろうか。

それは141％の倍率で拡大コピーをすると、ちょうど2倍の大きさの面積になるからである。同様に71％でコピーすると2分の1の面積に縮小される。つまり、この倍率は、「長さの倍率」であって「面積の倍率ではない」からだ。

紙の面積は「縦の長さ」×「横の長さ」で決まる。つまり、200％の設定で拡大コピーすると、「縦の長さが2倍、横の長さも2倍」となり、4倍の面積になってしまう。

ところが実際にコピー機を使う現場では、Ａ４用紙やＡ３用紙、あるいはＢ５用紙やＢ４用紙という４種類のサイズの紙を使うことがほとんどである。Ａ４用紙の倍の面積はＡ３用紙で、Ｂ５用紙の倍はＢ４用紙だ。「Ａ４用紙を、２倍の面積のＡ３用紙に拡大コピー」もしくは「Ｂ４用紙を、半分のＢ５用紙に縮小コピー」するといった使い方が多くなる。

そのことを考えて、２倍の面積に拡大コピーするなら１４１％、２分の１の面積に縮小コピーするなら71％という倍率が、コピー機には標準で登録されているのである。

なお、71％の倍率について、「70％」と登録されているコピー機もある。これは、71％の倍率でコピーすると、厳密には半分の面積よりほんの少しだけ大きくなるから。反対に70％の倍率だと少しだけ小さくなる。71％か70％かはメーカーや機種によって異なる。

ところで最近は、ペーパーレスの機運が高まり、「紙から別の紙に拡大コピーする」といった使い方は減ってきた。コピーをする機会も少ないかもしれないが、使うときにはぜひ「倍率」を意識していただきたい。

2 氷は水が固まったものなのに、なぜ水に浮くのか?……

木材の多くは水に浮かぶが、これは木の密度が水の密度よりも低いからだ。氷も水に浮かぶが、これも氷が水よりも密度が低いからだ。しかし、氷は水が固まったものだ。個体である氷が液体の水よりも密度が低いのはなぜだろうか。

その理由は、水が「異常液体」だからである。

多くの物質は、固まるときに体積が減少する。ところが、ケイ素やゲルマニウム、水などの物質は、凝固しても体積は減らず、反対に膨張する。水は物質としては特殊なのだ。

水のように凝固すると膨張する現象は、凍って固まるときに「隙間」がたくさんできることで起きる。通常の物質は固まるときに、バラバラに動いていた分子同士が結合して高密度になる。分子と分子の間の隙間が少なくなり体積が減るのだが、水は分子同士が結合しにくい構造をしているため、隙間がたくさんできてしまう。

その隙間の分だけ液体のときよりも密度が低くなってしまうのだ。

それでは、水は氷になるときにどのくらい膨張するのだろうか。体積では液体時より10％ほど増える。つまり、１リットルの水を凍らせると1・1リットルの氷ができるのだ。冷蔵庫で氷を作るとき、容器ぎりぎりに水を入れて凍らせると氷の表面が盛り上がっていることがある。体積が増えているのだ。体積が10％増えたことで密度を簡単に計算すると、１÷1・1＝０・91。水の密度が１である場合、氷の密度は０・91になる。なるほど水に浮くことも納得できる。

氷が水に浮くことは、地球環境上で大きな意味を持っている。もし、氷が水に沈んでしまうのなら、池や湖の表面の水が凍ると、どんどん沈んで底に溜まってしまう。全体の水温が下がり、やがては全体が凍ってしまうだろう。そのような環境では生物も生息しにくいはずだ。

ちなみに、高い圧力で氷を作ると水より密度が高くなるほか、数百度の「熱い氷」もできるという。水は異常液体だけに、さまざまな特殊性を備えた液体なのだ。

3 瞬間接着剤はどうして瞬間でくっつくの？

普段の暮らしの中で意外に使う機会が多い瞬間接着剤。例えば、ＤＩＹで自宅に飾り棚や本棚を作るとき、子どものオモチャを修理するときなどに使うことも多いだろう。最近では、外科手術のときの止血や縫合、家電製品の製造などにも利用されている。

幅広い用途で使用されている瞬間接着剤だが、なぜ「瞬間で」くっつくのだろうか。ほんの数秒でピタッとくっついてしまうこともある。

その理由は、瞬間接着剤に用いられている成分にある。

瞬間接着剤は、一般的にはシアノアクリレートという化合物を主成分としている。この物質には水分に触れると一瞬で固まる性質がある。くっつけたいモノに瞬間接着剤を数滴たらして、もう片方のモノを押し付けると、空気中などの水分に反応して瞬間的に固まる。木材や布など、くっつけたいモノがわずかでも水分を含んでいる場合には、その水分にも反応する。つまり、水分に反応して一瞬で固まるから「瞬間でくっつく」のだ。

ただし、接着剤が固まると「なぜモノとモノとがくっつくのか？」の理由は、じつは単純ではない。一般的な説として、材料の表面にある小さな孔《あな》に接着剤が染み込んで固まることでくっつくという考え方がある。材料表面から染み込んだ接着剤が固まることで、くさびを打ち込んだように強力に接着できることから「アンカー効果」や「投錨《とうびょう》効果」と呼ばれている。木材や布など、接着剤が染み込みやすいモノがくっつくおもな理由と考えられている。

もう一つは、「分子間力」の働きによるという説だ。分子間力とは、分子と分子を近づけたときに生じる「引きつけ合う力」のこと。接着剤の分子と材料の分子との間に分子間力が働き、くっつくのだ。その他にも化学的な作用による接着もある。

モノとモノとがくっつく理由には、アンカー効果や分子間力、化学的な作用などが考えられ、それらの効果が合わさって、一瞬にして発揮されることで「瞬間的にくっつく」のだ。

4 「1時間に○○ミリの雨」とは、どんな測り方をしているのか？

日本は雨の多い国だ。国土交通省の統計によると、日本に1年間に降る雨の量は約1700ミリで、世界の平均約800ミリの2倍以上だ。

ところで、天気予報などで「1時間に20ミリの雨」といったことをよく耳にする。20ミリとはミリリットルではなく「ミリメートル」のこと。つまり降った雨の量を「高さ」で示している。計測に使う容器の大きさがバケツとシリンダーのように異なれば、貯まった雨水の量が同じでも「○○ミリ」という高さが異なる。いったい、どのくらいの大きさのものに貯まった雨量のことなのか。

地域気象観測システム「アメダス」で使用されている雨量計は、口径20センチの漏斗《ろうと》型容器（受水器）を使用している。雨を受ける受水口の直径が20センチで、下側が細く絞り込まれた容器を外に置き、1時間が経過したときに貯まった雨の高さを測っているのだ。ただし、この方法では1時間ごとに係員が容器の目盛りを読ま

「転倒ます型」雨量計

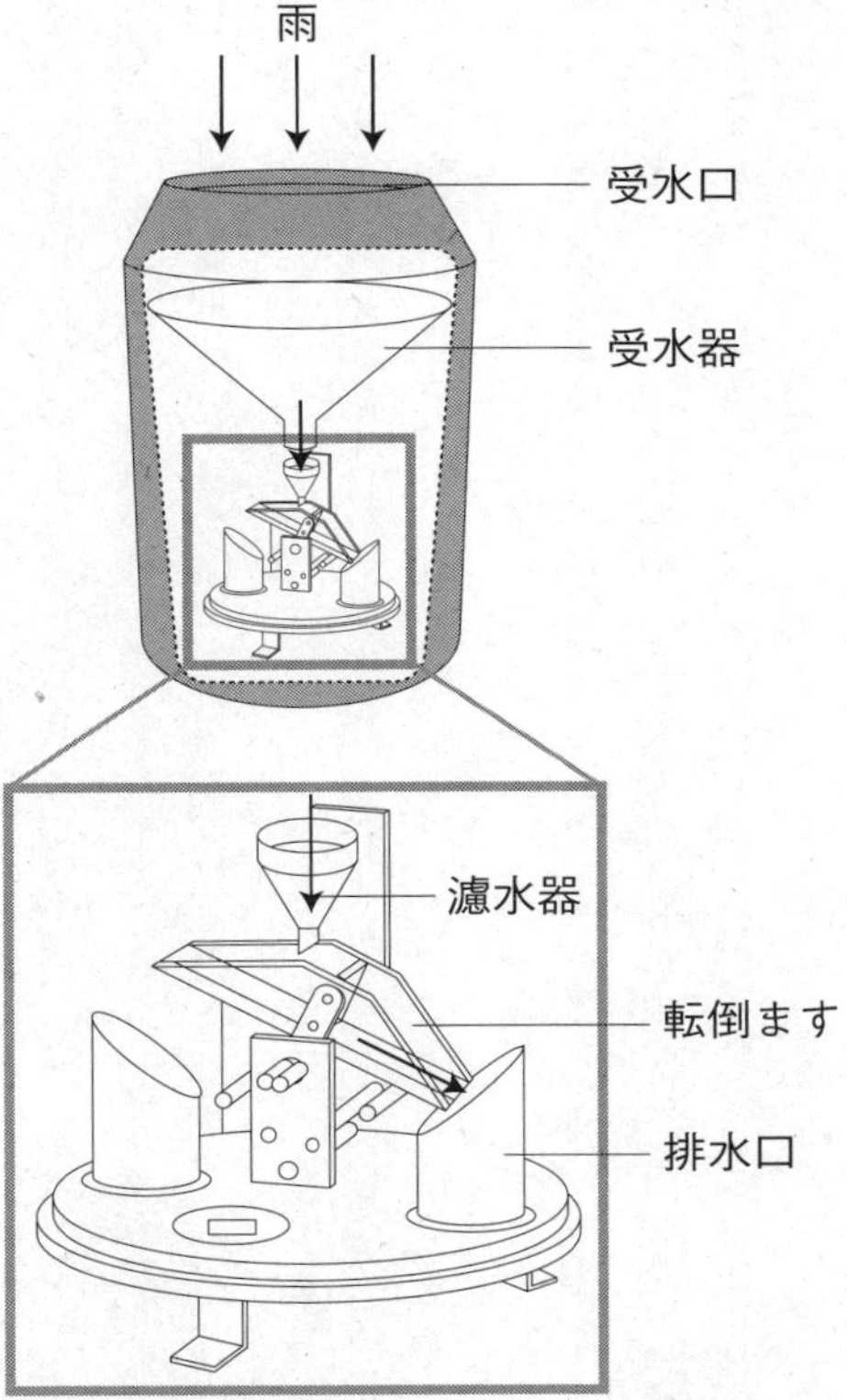

なくてはならないし、大雨のときなど容器から雨水が溢れてしまうことがあるかもしれない。

そこで、「転倒ます型」の雨量計が使用されている。口径20センチの受水器に入った雨を濾水器《ろすい》で受け、「転倒ます」に流し、0・5ミリに達したらますが傾いて雨水を流す仕組みだ。転倒ますが何回、傾いて水を流したかをカウントすれば正確に雨量を計測できる。1時間に20ミリの雨であれば40回傾くことになる。1分30秒に1回のペースだ。

アメダスの雨量計は全国約1300カ所に、約17キロの間隔で設置されている。この転倒ます型雨量計で観測された雨量が気象データとして防災情報などにも活用されているのだ。

ちなみに、地面に水たまりができる「ザーザー降り」だと1時間に「10ミリ以上20ミリ未満」だという。大雨注意報や大雨警報が出される雨量は、雨の多い地域や都心部など、地域によって違うが、都心部ではおおむね、1時間に25~40ミリで大雨注意報、50~70ミリで大雨警報が出る。

5 老舗のうなぎ屋の「秘伝のタレ」、なぜ200年使い続けても腐らない？

奈良時代の歌人・大伴家持《おおとものやかもち》は友人にあてた歌の中で「夏バテには鰻《うなぎ》を食べろ」とすすめている。

石麻呂に　吾れもの申す夏痩せに　よしといふものぞ　むなぎ（鰻）とり食《め》せ

という歌だ。日本で鰻が食べられていた最古の記録で、万葉集に収められている。１３００年以上も昔から食べられていたのだ。江戸時代には「蒲焼き」が広まり、明治に入ると「うな丼」も登場した。「鰻の老舗」と呼ばれる名店の多くはその頃に創業し、２００年近い歴史を誇る店も少なくない。

こうした老舗の鰻屋でよく耳にするのが、創業以来の「秘伝のタレ」。店によっては２００年以上も使い続けていることになる。なぜ腐らないのだろうか？

理由はいくつかある。まずは、塩分や糖分が高いこと。塩分で10％以上、糖分で65％以上の濃度になると防腐効果があるとされている。しかし、秘伝のタレは、そこまで塩分も糖分も高くはない。「腐りにくい」が「腐らない」わけではない。

もう一つの理由として考えられているのが「低温殺菌」の効果だ。焼きたての鰻を何度もタレにつけ込むことで、タレ自体の温度が上昇し殺菌処理される。低温殺菌とは100℃以下の温度で、微生物を完全に死滅させるのではなく、害を及ぼさない程度にまで減少させる方法だ。これは牛乳の殺菌方法でも知られている。一般的に売られている牛乳は「120～150℃で3秒間」の超高温殺菌だが、「やわらかな生乳の味わい」にこだわる牛乳は「65℃前後で30分程度」の低温殺菌が施されているものが多い。

要するに、秘伝のタレが腐らないのは低温殺菌の効果によるところが大きいのだが、きちんと低温殺菌するにはタレをある程度の高温に保つ必要がある。「鰻を焼いて」「タレにつける」が頻繁に繰り返される繁盛店でないとこうはいかない。店によっては、タレのツボを焼き場の近くに置いたり、定期的に火にかけたりしている。タレをつぎ足している店では1カ月もすれば入れ替わるともいう。

6 「殺虫剤」はどうして虫だけを殺せるのか？

夏の夜、まどろみかけたときに耳元でプーンと蚊が鳴き、不快な思いをしたことは誰にでもあるだろう。蚊やハエ、ゴキブリ、ダニなどの害虫を駆除するのに使用するのが家庭用の殺虫剤だ。最近の殺虫剤は、スプレーのノズルがピストルのようになっていて、ハエやゴキブリなどに狙いを定めて「さっと一撃」で退治できるものもある。

殺虫剤を使用するとき、気になるのはその成分だ。小さい子どもやペットがいる家庭では、殺虫剤に含まれる成分が子どもやペットの健康に影響しないのだろうか。

殺虫剤は、その成分によっておもに「有機リン系」「カーバメート系」「ピレスロイド系」に分けられる。有機リン系殺虫剤はハエやゴキブリなどの体内で、正常な神経伝達を阻害し死にいたらしめるもの。カーバメート系殺虫剤も、おもに害虫の神経を麻痺させる。

家庭用殺虫剤として最も一般的なのが、ピレスロイド系殺虫剤だ。古くから虫よけとして知られる「除虫菊（シロバナムシヨケギク）」に含まれる殺虫成分とよく似た作用・構造の化合物が主成分だ。即効性の殺虫効果や虫を寄せつけない忌避《きひ》効果があるのが特徴だ。殺虫剤に触れた昆虫は微量でも死んでしまうという。

それでは、人間の体への影響についてはどうだろうか。ピレスロイド系の殺虫成分は、もともと「虫の神経系に作用して」殺虫効果を示すものだ。人間や猫や犬などのペット（哺乳類）が成分を吸い込んでも、体内の分解酵素の働きで素早く代謝《たいしゃ》され、尿などで短期間に体内から排出される。そのため、一般的な使い方による量では、人間やペット（哺乳類）に対しては安全性が高いという。

ちなみに、ゴキブリに食器用洗剤をかけると死ぬというのは、殺虫成分によるものではない。ゴキブリの腹部にある「気門」が液体でふさがれて窒息死するのだ。最近のゴキブリ用殺虫剤でも泡でゴキブリを包み込み、窒息死させるものもある。文字通り「息の根」を止めるのだ。

7 シャボン玉は石鹸水でできているのに、なぜ浮かぶ？……………

イベント会場や縁日などで見かける風船が空中に浮かんでいるのは、空気よりも軽いヘリウムガスが中に入っているからだ。自分の息で膨らませた風船は、空中に浮かべようとしても下に落ちてしまう。ところが、同じように自分の息で膨らませたシャボン玉は、空中に浮かんでいる。なぜだろう？

これは、浮かんでいるのはなく、「浮かんでいるように見える」といったほうが正しい。シャボン玉の膜は、薄さが1ミリの「1000分の1」、つまり1マイクロメートル程度とされている。サランラップなどラップ用フィルムが約10マイクロメートルなので、それよりもさらに薄い。つまり、シャボン玉は極めて軽い。だから、風や空気の流れに動かされてふわふわと浮かんでいるように見える。風のない室内でシャボン玉を飛ばすと、最初は空気を吹き込んだ勢いで浮かぶように動くことはあるが、徐々に膜を構成する石鹸水の重さもあって落下していく。

ところが、ある条件でシャボン玉を作ると浮かぶことがある。例えば、室温が0℃やマイナスの寒い部屋でシャボン玉を飛ばすと上に向かって浮かんでいく。これはストローでシャボン玉に空気を吹き込むときに、体温で暖められた息が入るからだ。シャボン玉の中の空気が周囲の空気よりも軽くなり、上に向かって浮かんでいくのだ。ただし、上に向かっていったシャボン玉も、周囲の空気に冷やされると徐々に落下してくる。

ところで、ストローに水をつけて吹いても球体はできないのに、なぜ石鹸水だとシャボン玉になるのか。その理由は、石鹸が「界面活性剤《かいめんかっせいざい》」として機能し、水の「凝集能力」を弱めているから。凝集能力とは、水が元の形状に戻ろうとする力のこと。ストローに水をつけて吹くと、じつはほんの一瞬だが水も風船のように膨らむ。ところが「膨らんだ状態から元に戻ろうとする力」が強く球体にはならない。石鹸が界面活性剤として働くことで、凝集能力が弱まり、薄い膜となって伸びて球体になるのだ。

8 「PM2・5」は、なぜ「2・5」なのか？

ＰＭ２・５のＰＭとは「Particulate Matter」の略称で、日本語では「粒子状物質」とされている。大気中を飛散する粒子状物質で「直径２・５マイクロメートル以下」がＰＭ２・５だ。１マイクロメートルとは、１ミリの１０００分の１。髪の毛の太さがおよそ70マイクロメートル、スギ花粉が直径約30マイクロメートルなので、ＰＭ２・５は極めて小さい。スギ花粉をサッカーボールとすると、ＰＭ２・５はビー玉くらいだ。粒子の大きさだけで区別しているので、物質そのものの正体は、工場からの排煙などに含まれる硫黄酸化物だったり窒素酸化物だったりとさまざま。毎年、春先に中国内陸部から偏西風に乗って日本に飛来する黄砂も直径２・５マイクロメートル以下になれば「ＰＭ２・５」になる。

さて、このＰＭ２・５だが、なぜ「３・０」や「２・０」ではなく、「２・５」なのだろうか。それには理由がある。人間は呼吸によって大気中を漂う粒子も吸い込んでいるが、その粒子が小さいと気管支から肺の奥にまで深く入り込んでしまう。つまり、人体に影響を与える恐れがある大きさが直径2・5マイクロメートル以下なのだ。

スギ花粉などは粒子が大きいので鼻やのどの粘膜に付着して肺の奥深くにまでは入り込むことは少ないが、PM2・5は肺の一番奥の肺胞《はいほう》と呼ばれる酸素を血液に取り込む部分にまで到達してしまう。ぜん息や気管支炎といった炎症を引き起こすと考えられる他、血液にも入り込み狭心症や心筋梗塞のリスクを高めるとされている。肺ガンの原因にもなるという。

環境省では日々のPM2・5の濃度を「そらまめ君」というホームページで公表している。1日平均で1立方メートルあたり35マイクログラムまでなら健康被害がないとされているが、この値を超えると注意が必要。70を超えると外出や外での激しい運動などは控えたほうが良い。なお、閉め切った喫煙ルームではこの値が数百に達することがあるという。

9 空気にも「軽い」と「重い」があるワケは？

普段の暮らしの中では、空気の重さを感じることはないだろう。ところが空気にもちゃんと重さがある。正確には「質量」だ。空気の成分は窒素が約78％、酸素が約21％、アルゴンなどが約１％だ。空気の質量は温度が０℃、気圧が１気圧のときには１リットルで約１・29ｇになる。これが空気の重さだ。

ただし、同じ１リットルの空気でも温度によって重さが変わる。空気は暖められると窒素や酸素などの分子の活動が活発になり、分子間の距離が広がって膨張する。ゴムの風船を暖めると大きく膨らんでいくのは空気が膨張していくからだ。

膨張するとどんなことが起こるのか。単位体積あたりの分子の密度が小さくなり「軽く」なる。膨張して密度が小さくなると、そこに周囲から空気が流れ込んできて、密度が小さくなった空気を押し上げる。暖められた空気が「軽い空気」となって上昇していくのはこのためだ。反対に空気を冷やすと分子の活動がおとなしくなる。

分子間の距離も縮まり、密度が高くなり「重く」なる。つまり、空気に「軽い」と「重い」がある理由は、空気が暖められたり冷やされたりすることで、「単位体積あたりの空気の密度が変化する」からだ。

一方、空気の「重さ」を考えるときには、地球上の空気に働く重力の影響も考慮しなくてはならない。地球上では、すべてのモノに引力と地球の自転による遠心力が働いている。引力と遠心力とを合わせたものが重力で、引力のほうが大きいのでモノは落下する。

空気も同じで、地球を遠くから見ると重力で空気が地表に降り積もっている状態といえる。重力はじつは地球上で一定ではなく場所によって変わる。標高の高い場所では重力が小さくなるので空気は軽くなる。エベレストの頂上付近では大気が地表の3分の1程度とされるが、これは重力の働きが弱く、空気が「軽くなり」、拡散してしまうためだ。空気に「軽い」と「重い」があるのは、地球上で重力が一定ではないからともいえる。

第2章

電卓はなんで計算間違いをしないのか？

〜いまさら他人に聞けない「IT・電気・メカ」の大疑問11

10 電卓はなんで計算間違いをしないのか？

電卓の正式名称は「電子式卓上計算機」だ。最近では複雑な機能を備えた電卓もあるようだが、基本的には加減乗除の計算式を打ち込むと結果を表示する計算機である。登場した頃の1960年代の電卓は、その名の通り机の上に置いて使用するものだった。1970年代に入ると小型化薄型化の一途を辿り、1980年代にはクレジットカードサイズの電卓まで登場した。

ちなみに、今や誰もが使っているスマートフォンやパソコンの心臓部であるCPUと呼ばれる部品は、電卓が進化したものである。例えば人工知能など、現在のIT社会を支えるさまざまなテクノロジーは「計算式を打ち込むと結果を表示する」という電卓の基本的な機能に改良を重ねることで生まれたといっても過言ではない。

さて、その電卓だが、なぜ計算間違いをしないのか？ 計算式を打ち込むと結果を表示する仕組みは、人間のプログラムによって設計されている。人間が作ったプログラムである以上、いわゆる「バグ」というプログラムミスが存在する可能性は排除できない。

実際に、スマートフォンの電卓アプリではプログラムのミスで計算間違いをするトラブルが起こっている。２０１４年にはアップルのｉＰｈｏｎｅの電卓で「２５００÷50」を計算すると「１」という答えが返ってくるという話がネット上を騒がせた。２０１６年にもソニーモバイルコミュニケーションズのスマートフォン・エクスペリアで、あるフォントのときに計算結果がおかしくなるという問題が話題になった。

このようにスマートフォンのアプリでは計算間違いがある。それなのに電卓が計算間違いをしないのは、桁数に上限があり、電卓で計算できる式の数が限られ、製品化の前にすべての計算のプログラムを徹底的に検証できるからだ。しかも、商品化されてから長年にわたって販売されてきたという実績もある。そうした積み重ねの上に電卓は作られている。だから電卓は計算間違いをしないのだ。

11

体脂肪計ではどうやって体脂肪を計っている？

体脂肪とは、体の中の脂肪のことだ。皮膚のすぐ下にある皮下脂肪と、内臓の周りにつく内臓脂肪とに大きく分かれる。これ以外にも体の中には脂質がある。例えば、血液検査で「ＴＧ」という数値を見たことがあるだろう。「トリグリセライド」の略で、中性脂肪だ。その他にも細胞膜を構成するコレステロールも脂質だ。

体脂肪率とは、体の体重に占める体脂肪の割合だ。体は水分や筋肉、骨、そして脂肪などさまざまな成分で作られている。さまざまな成分の中から、どうやって体脂肪だけを計測しているのだろうか。その方法は、体に微弱な電気を流すというものだ。

脂肪は電気をほとんど通さないという性質があるが、反対に筋肉や血管など水分が多い組織は電気をよく通す。この性質の違いを利用して、体に電気を通したときの抵抗値を計測して、脂肪や筋肉の割合を「推定」しているのだ。体脂肪の重さを測り、体重に占める割合を算出しているのではなく、抵抗値から体に占める体脂肪の割合を「推計」している。この方法は、ＢＩ（Bioelectrical Impedance＝生体インピーダンス）法と呼ばれ、体脂肪率を計測する一般的な方法だ。

体に流す電気は非常に微弱なもので、通常は50キロヘルツ、５００マイクロアンペア程度とされている。ビリビリと刺激を感じるようなことはない。ただし、ＢＩ法での計測では結果が体の中の水分量に左右されることが多い。例えば激しい運動で大量の汗をかいて体の水分量が減っているとき、女性では生理前のホルモンバランスの関係などでも体脂肪率は変化する。

体脂肪率の増減を気にするなら、毎日、同じ時間に同じ条件で測定するようにしよう。起床時や食後ではなく、体の状態が比較的落ち着いている夕食前の時間帯に計測するのが良いとされている。入浴後や汗をかいているときの測定も避け、できるだけ服を身につけず、下着か裸に近い状態で測定するのが良い。

12 体温計はどうやって体温を測っている?

体温とは文字通り「体の温度」だ。体温は手のひらやつま先など部位によって違う。寒い日に耳や指先が冷たくなることはよくある。顔や手足の温度は外気の影響を受けやすく安定していないのだ。一方、体の中心に近づくほど体温は高くなり安定してくる。体の中心に近いところの体温は約37℃とされ、体の表面に近いほど温度は下がり、太腿など脚は28℃くらいだという。体の各部位でこれだけの温度差があるのに、最近の体温計を使うと1~2分でさっと体温を測定できる。なかには10~15秒で測定するものもある。どういう仕組みなのだろうか。

体温を計測するには「安定している」体の内部の温度を測ることができれば良いのだがそれは難しい。そこで、体内の温度変化がきちんと反映されやすい体の部位で測定することになる。そこが脇の下、口の中(舌下)、直腸などだ。

ただし、脇の下や口の中、直腸などで得られる体温でも、体の中心に近い部分の温度と同じではない。部位ごとにも温度は微妙に異なる。そこで、それぞれの部位で、体の中心に近い部分の温度が反映されるように「時間をかけて」測定しなければならない。

例えば、脇の下に体温計を挟んだとき、最初のうちは脇の下の「表面の温度」しか測定できない。しかし、脇を閉じてじっとしていると徐々に温まってきて体内の温度が反映されてくる。その温度を「平衡温」という。脇の下なら10分以上、口の中なら5分以上、直腸でも5分以上の時間をかけることで体内温度に近い平衡温を測定できる。これが体温計の基本的な仕組みだ。昔ながらの水銀体温計はこの仕組みで、体温を実測することから「実測式」と呼ばれる。

それでは、最近の電子式の体温計がものの10秒～1分くらいで体温を測定できるのはなぜか。これは、10秒～1分程度の時間で測定した体温から、平衡温を計算して「予測」しているのだ。そのため、電子式の体温計は「予測式」体温計と呼ばれている。ちなみに体温を予測する計算式は体温計メーカーによって異なるという。

13 スーパーコンピュータは、何が「スーパー」なのか？

普段、何気なく使っているスマートフォンの最新モデルは、だいたい「2～3年前のノートパソコンと同等の計算能力」とされている。文字通り「手のひらサイズ」のコンピュータだ。そう考えると、多くの人たちは日々、さまざまなシーンでコンピュータを使っている。

人々の暮らしにとって身近な存在であるコンピュータだが、こうした汎用的なコンピュータよりもはるかに高い計算能力を備えたコンピュータがある。それが「スーパーコンピュータ」だ。スパコンの略称で呼ばれ、世界一の座を巡り世界中のメーカーや研究機関がしのぎを削っている。

スパコンは何が「スーパー」なのか？　計算能力が桁違いなのだ。日本を代表するスパコンの「京《けい》」は、スパコンの性能を測定する計算式を「1秒間に1京回」も計算できるという。1京は1兆の1万倍。数字で書くと1の後にゼロが16個も並ぶ。

地球上の全人口約70億人が電卓を持って集まり、「全員が1秒間に1回のペースで約17日間ぶっ通し」でようやく終わる計算を「わずか1秒」でやってのけてしまうのだ。

それだけの計算ができるのは、スパコンの頭脳というべきCPUを数多く備えているからだ。「京」は世界最高水準のCPUを約8万8000個も搭載している。普通のパソコンのCPUは1個であることを考えると、どれだけスーパーかわかるだろう。

なお、日本のスパコン「京」は世界的にも最高水準にある。2016年にはビッグデータを解析する能力と実用性の評価の2部門で世界ランク1位を獲得。ただし、単純な計算速度では世界で第7位だ。

ところで、これだけの能力を備えたスパコンをいったい何に使うのだろうか。期待されているのは、膨大なデータ解析やシミュレーションでの応用だ。例えば過去の気象データから10年先の気象情報の予測をしたり、新薬の開発や宇宙開発などの分野での応用が進められている。ちなみにスパコン開発のライバルは中国とアメリカだ。

14 AI（人工知能）はどこまで進化しそうか？

ＡＩ（人工知能）といえども人間の能力を超えるのは「まだまだ先のこと」と考えられていたが、そうでもなくなってきた。振り返ればＩＢＭのＡＩ「ディープブルー」がチェスの世界チャンピオンに勝利したのが、今から20年前の１９９７年。その後、ＡＩは加速度的に進化を続け、２０１６年にはグーグルの囲碁ＡＩ「アルファ碁」がとうとうプロ棋士に勝利してしまった。

その一方で、ＡＩによる東大合格を目指し国立情報学研究所などが約４年間にわたって研究を進めてきたＡＩ「東《とう》ロボくん」は２０１６年にプロジェクトを断念した。理由は難しい数学の問題は解けても、文章問題に苦戦したこと。

ところで、ＡＩに関して最近よく耳にするのが「シンギュラリティ」という言葉だ。日本語では「技術的特異点」と訳され、ＡＩが人間を追い越すことで世界が一変することを意味している。２００５年にこの考えを提唱したアメリカの発明家であるレイ・カーツワイルによれば、「２０４５年にシンギュラリティが起こる」という。「ＡＩはどこまで進化するのか」を考えたとき、今から30年後には「人間の能力を超えたＡＩで世界が一変している」というのだ。

それでは、どう一変するのか。ＡＩは人間の能力を上回り、自ら考えて判断し、行動するようになる。ＡＩが工場などの設備をコントロールするＡＩに命令を下し、進化したＡＩがさらに進化したＡＩやロボットを作り続けるというサイクルも想像できる。そのサイクルの中で人間がどういった暮らしを営めるのかは想像できない。

しかも、レイ・カーツワイルによると、ＡＩは地球にとどまるのではなく、自らの考えと判断で宇宙開発にも乗り出していくという。確かに酸素がなくても活動できるＡＩなら、人間が宇宙で活動するより適している。

ちなみにレイ・カーツワイルは２００５年時点で、「２０１５年には家庭用ロボットが部屋の掃除をする」と予測した。予測はだいたい当たっているのだ。

15 そもそも飛行機は、なぜ飛ぶの？

ライト兄弟が動力による有人飛行に成功したのは1903年。リンドバーグがニューヨークからパリまでの大西洋間無着陸飛行に成功したのが1927年だ。飛行時間は33時間29分30秒だったという。人類が飛行機という移動手段を使い始めてから、じつはまだ100年ほどの歴史しかないのである。

ただし、その間に飛行機の研究は劇的に進んだ。リンドバーグの時代には「パイロットひとり旅」だったのが、現在では一度に300人以上もの人を乗せて飛行できる大型旅客機も就航している。これだけの大きな飛行機が、なぜ大空を飛ぶことができるのだろうか。

大型旅客機ともなると、重量は乗客、燃料、荷物などを積み込むと約350トンにもなるという。この巨体が離陸のときには時速約250キロという、新幹線並みの速度で滑走路を走り抜けていく。これだけのスピードがなければ巨体は空に舞い上がらないのだ。

飛行機が空を飛ぶ理由の一つは、この加速を生みだすジェットエンジンにある。ジェットエンジンではエンジン内部にあるファンブレードの回転によって前方から空気を吸い込み、後方に一気に吐き出している。この吐き出す力が推進力となって飛行機を空に飛ばしているのだ。

もう一つ、飛行機を飛ばすのに重要な役割を果たしているのが翼である。飛行機が時速２５０キロものスピードで滑走路を走り抜けると、翼の上にも少なくとも時速２５０キロの速度で空気が流れることになる。このとき、翼の上と下を流れる空気の流速が異なる。具体的には、翼の上を流れる空気のほうが、わずかだが速度が速くなるように設計されているのだ。

そうなると、翼の上と下とで流れる空気の圧力に差が生まれる。空気が速く流れる翼の上の圧力が低くなり、翼の下のほうが高くなる。圧力が低い上のほうに「翼が吸い上げられる」かたちで揚力《ようりょく》が発生する。ジェットエンジンの猛烈なパワーによるスピードと、そのスピードによって生まれる揚力の２つが飛ぶ理由だ。

16 飛行機の中で乗客が酸欠にならないのはなぜか？

私たちが海外旅行に行くときなどに利用する飛行機は高度約1万メートルの上空を飛んでいる。大気が薄く、酸素も少ない。気温はマイナス50℃にもなるという。飛行機の客室内は、そんな過酷な環境の外部の影響を受けないように「密閉状態」になっている。

旅客機には300人ほども乗れる大型機もあり、しかも、日本からヨーロッパやアメリカに向かう飛行機は12時間以上も飛び続けることもある。密閉された客室内に数百人もの乗客が何時間もいて、酸欠にならないのはなぜだろうか。

理由は「外気を取り込んでいる」からだ。密閉されていると思える旅客機だが、じつは、わずか数分という短い時間で客室内の空気を外の空気と入れ替えながら飛んでいるのだ。

外気を取り込むとはいえ、高度約1万メートルもの上空だ。普通に取り込むだけでは酸素量が圧倒的に不足する。どうやって外気を取り込み、客室内に酸素を供給しているのか。それには飛行機内に設置されたエンジンと「与圧装置」の働きがある。

旅客機ではエンジンを燃焼させるために、外部から空気を取り入れている。空気を取り入れ圧縮し、燃焼・爆発させて推進力を得ている。その際にエンジンで高温・高圧に圧縮された空気の一部を与圧装置にも送り、そこで調圧・調温して客室内に送っている。つまり、エンジンを燃やすために取り込んだ外気の一部を客室にも送っていることになる。

なお、エンジンで燃焼させるために高温・高圧に圧縮された空気は２００℃にもなるという。そこで、外気と混ぜて温度を下げて客室に送る。それにより、乗客が呼吸するのに十分な酸素が供給されているというわけだ。旅客機が高度約１万メートルでも快適に過ごせる理由は、このような技術によるものだ。

なお、もし窓が割れるなどして客室内の空気が漏れてしまったらどうなるのだろうか。旅客機は酸素タンクが積まれており、客室では座席ごとに酸素マスクが天井から下りてくるので心配ないという。

17 「4Kテレビ」とは、何が4K?

家電量販店などにテレビを買いに行くと「HD」や「フルHD」、さらには「2K」や「4K」、最近では「8K」といった表示まで目にする。これらは、テレビが表示できる画素数を示している。4Kテレビの K とは「キロ」の意味で、1Kは1000、4Kとは4000だ。つまり、4Kテレビの4Kとは、テレビの水平方向の画素数が4K=約4000画素(3840画素)ということ。ちなみに、縦方向は2K=約2000画素(2160画素)で、3840×2160画素まで表示可能なテレビを「4Kテレビ」と呼ぶ。

それでは画素数とは何を示しているだろうか。テレビの画面に映し出される映像は、ごく小さな「色のついた点」で構成されている。この色のついた点が画素だ。画素の数が多ければ多いほど、実物の色や形をきめ細かく美しく再現できる。画素数が多いほど、実物に近い「高画質」な映像を映し出せることになるのだ。その意味で画素数とはテレビが高画質かどうかの指標の一つといえる。

さて、4Kテレビの画素数は、3840×2160＝829万4400画素だ。かつては高画質で話題になったフルHD（フルハイビジョン）の画素数が1920×1080＝207万3600画素であるのと比べると約4倍も多い。それだけ「きめ細かい」映像を再現できる。ちなみにハイビジョン映像を再現できるHD対応のテレビは1280×720＝92万1600画素。ハイビジョンというと高画質な印象だが、4Kテレビの映像と比べるとはるかに画素数が少ない。

4Kテレビの映像の美しさが際立つのは大型テレビで映像を見比べたときだ。少ない画素数で大きな画面に映像を表示すると、1画素あたりの表示面積を大きくしなければならない。HDやフルHDで大型テレビに映像を表示すると粗くなってしまうことがあるのはこのためだ。4Kテレビなら1画素あたりの表示面積もそれほど大きくならず、高精細な映像を楽しめるのだ。

18

電気とはいったい何か？

物質をどんどん小さくしていき、「これ以上小さくすると、そのものの性質が失われてしまう」というところまで小さくしたものが分子だ。分子をさらに細かくしていくと原子になる。原子の中心にはプラスの電荷《でんか》を持った原子核があり、そのまわりをマイナスの電荷を持った電子が飛び回っている。

原子核は、陽子と中性子でできているが、この陽子の数と原子核の外を飛び回っている電子の数が同じだと、プラスでもマイナスでもない中性となる。ところが、電子が何らかの刺激を受けると、原子核の周囲を回る軌道から飛び出してしまう。飛び出した電子を「自由電子」と呼ぶ。電気とは自由電子が動く現象だ。「電子が移動すること」を電気という。

ところで、電気を英語では「エレクトリシティ（electricity）」と表現する。その語源は宝飾品などに使用される「琥珀《こはく》」を示すギリシャ語の「エレクトロン」だ。

紀元前６００年頃、ギリシャの哲学者タレスが琥珀を絹の布などでこすると埃《ほこり》や塵《ちり》を吸い寄せる不思議な力が備わっていることに気づいたことによるという。そう、静電気だ。

静電気は紀元前に発見されていたわけだが、どうしてそういった現象が起こるのか、その理由は長いこと解明されなかった。その後、16世紀に入ってからイギリスの物理学者であるギルバートが、琥珀だけではなく、他の物質にも同様の性質があることを科学的な実験によって証明した。

さて、電気の正体が自由電子の動く現象であることがわかったのは、電子の存在が明らかになった１８９７年以降のことだ。イギリスの物理学者であるトムソンによって発見された。じつは、エジソンが白熱電球を発明してから20年も後のこと。つまり、科学者たちは、電気の正体が明らかでないままに、「電気とはいったい何なのか」と悩みつつも、「電気を流すと光を発する」といった現象を解明しながら、電気の実用化への研究を進めていたということになる。

19 ワットとボルトとアンペアって何がどう違うんだっけ？

電気にまつわる用語として、普段の暮らしの中でよく耳にするのが「ワット（W）」「ボルト（V）」、そして「アンペア（A）」だ。

これら3つの用語は、どんな関係性だったのだろうか。

まずは、アンペア。これは「電流の単位」だ。電気とは電子が動く現象のことで、その電気の流れる量が電流だ。一般家庭であれば、電力会社との契約で最大使用できるアンペアが決められている。つまり最大でどのくらいの量の電気を流せるかが決まっているということ。だいたい30〜50アンペアくらいだ。ボルトとは電圧で、電気を流そうとする働きの大きさを示す。どのくらいの圧力で電気を流すのかということ。一般家庭用ではだいたい100ボルトだ。

ワットとは、「電流（アンペア：A）×電圧（ボルト：V）」で示される「電力の単位」だ。例えば、1アンペアの電流が1ボルトの力で流れたときの電気の力＝電力が１ワット。電力会社からの請求は、この電力量に応じて金額が決められる。１アンペアの電流を１ボルトで１時間使用すると１ワット時（１Ｗｈ）で、請求書を確認すると「ご使用量：３２４ｋＷｈ」というように記載されている。

さて、電球には「40Ｗ、１００Ｖ」というように記されているが、これは、この電球できちんと明るい光を出すには「40ワットの電力が必要」ということだ。

ワットは、「電流×電圧」なので、この計算式に40ワットと１００ボルトを当てはめると、０・４アンペアの電流が必要になることがわかる。つまり、電球１つを取りつけて部屋を明るくすると０・４アンペアの電気が流れることになる。エアコンでは、だいたい10アンペアもの電気が流れる。自宅で使用している家電製品のアンペア数を合計したものが、その家庭での一度に流れる電気の量となる。この値が電力会社と契約している30アンペアや50アンペアといった値を超えるとブレーカーが落ち、一時的に停電状態になってしまうのだ。

20 「光」の正体とは？

光の正体とはいったい何か？　多くの科学者が頭を悩ませてきた。私たちが目にしている光は可視光だ。光には可視光以外にも赤外光や紫外光などがある。物理学分野で光の研究に最初に取り組んだのはニュートンで、太陽の光をプリズムに通すと7色に分かれることを示した。ニュートンは、太陽光がいくつもの色が重なって無色透明となっていること、そして光が粒子であるという説を唱えた。

ところが、19世紀になるとイギリスの物理学者マクスウェルが、光とは電気と磁気の両方の性質を備えた波、「電磁波」であると主張した。光の「波動説」だ。

さらに、20世紀の初めには、アインシュタインが、光とはやはり「光粒子（フォトン）である」と唱えた。このように「光は粒子なのか波なのか」と多くの科学者たちが悩み続けてきたのである。

もし、光が粒子であるなら「波打つの」ではなく「直進」する。ところが、現実

光はただまっすぐ進むだけじゃない!!

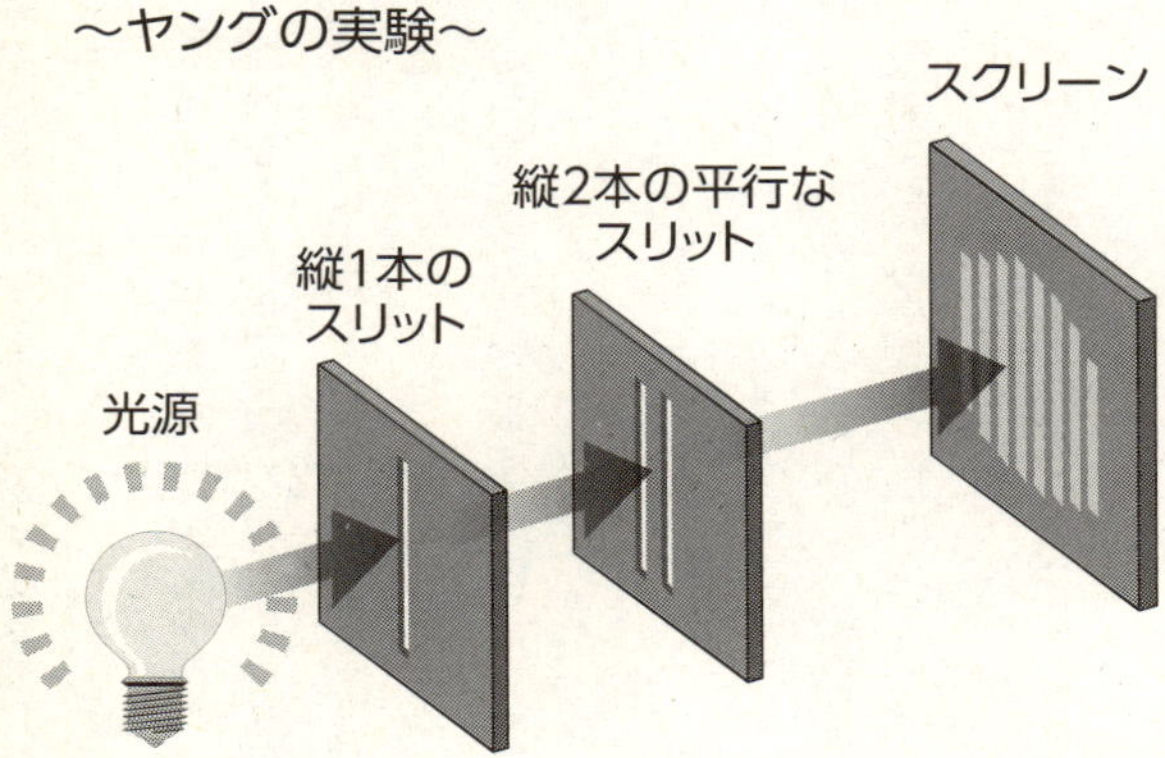

スリットを通った光は
互いに干渉し合い、
スクリーンに縞模様を
浮かび上がらせる

には直進性だけでは説明できない現象が起きてしまっていた。それを示したのはイギリスの物理学者トーマス・ヤングで、1800年代初めだ。ヤングは、縦2本の平行なスリットに光を通す実験（ヤングの実験）を行った。光が直進するなら、2本のスリットを通過した光で「2本の線」ができるはずだ。しかし、実際にはスリットを通過した光は互いに干渉し合い、2本の線どころか縞模様を浮かび上がらせる。このことから、光には粒子としての直進性もあるが、波としての性質も持ち合わせていることがわかった。現在の物理学では、光は「粒子と波動の両方の性質を持つ」と考えられている。

さて、整理すると、光とは「電磁波の一種」である。電磁波とは、電気と磁気とが相互に作用して発生するエネルギーの波のことだ。テレビやラジオの電波、電子レンジのマイクロ波、太陽光も電磁波だ。電磁波でありながら、「光粒子」という粒子でもある。光とは、「光粒子が波としての性質を持っているもの」といえる。

第3章

「何万光年」離れた星の距離をどうやって測っているの？

〜子どもに聞かれても答えに詰まる「宇宙・天体」の大疑問9＋8

21 なぜ地球は自転しているのか？

「明日は明日の風が吹く」とは、不朽の名作「風と共に去りぬ」のヒロインであるスカーレット・オハラがラストシーンで語るセリフだ。富も名誉も友人をも失い孤独になったヒロインが、それでも「明日があるさ」と涙を拭きながら前を向く……、そんなシーンに相応しい。

日本語での解釈は「明日になれば状況も変わる。先のことをあれこれ考えても仕方ない」という楽観的なものから、「今日と明日、同じ日であるはずがない」といった哲学的なものまでさまざまだ。

ところで、この「明日」は、理科系的に考えれば、地球が自転している限り「やってくる」。それでは、地球はなぜ自転しているのか。理由は、地球の生い立ちにある。

地球は約46億年前に誕生したとされているが、その頃の宇宙空間では漂っていたチリやガスが集まり、だんだんと大きくなり、固まりながら隕石となって衝突を繰り返していたという。

そのときに、隕石同士が真正面から衝突するのではなく、片方の隕石の右側、もう片方の隕石の左側がぶつかって結合すると、衝撃の強いほうに押されて回転を始める。地球誕生の最後の段階では、大きくなった地球の原型に同じくらいの大きさの天体がぶつかり、合体して回転を始めた。

これが地球の自転の始まりと考えられている。宇宙空間では摩擦がないので、ニュートンが発見した「慣性の法則」の通り、動き出したものは永遠に動き続ける。つまり、地球誕生時の天体同士の衝突によって生じた回転（自転）が今でも続いているとされているのだ。

★自転が止まる可能性は？

一方、もし地球の自転が止まってしまうと、「明日は来ない」。地球の自転は止まってしまうことはないのだろうか。答えは「ないらしい」と曖昧だ。

じつは、地球の自転は長期的にはだんだんと遅くなっていることがわかっている。

地球が誕生した頃は自転速度が速くて1日はわずか5～6時間程度とされ、それが、生き物が水中から地上に上がり始めた約4億年前に19～22時間になり、現在は約24時間だ。このままいくと、1億8000万年後には1日が25時間になるといわれている。

そうなると「いずれは止まってしまうのでは？」と心配になるが、アメリカ航空宇宙局（NASA）によると、今後数十億年の間に地球の自転が止まる可能性は「限りなくゼロ」に近いということだ。

ただし、もし地球の自転が止まると人類は消滅の危機に瀕するかもしれない。地球の自転速度は1日24時間、赤道1周4万キロとすると、時速約1667キロ、秒速463メートルにもなる。それがストップするとどうなるか。満員電車が急ブレーキをかけたときの車内の衝撃を考えてほしい。相当な大きさのGが発生することになる。

あわせて、自転がなくなることで地球は昼と夜の2つの半球に分けられ、しかも、太陽の周りを公転しているので、半年ずつ灼熱と極寒の時期を繰り返す。人類が生存するには過酷すぎる星になってしまうと考えられている。

22 地球の年齢＝46億歳は、どうやって調べたの?

現在の地球で最も古い大地とされているのはグリーンランドだ。2013年には、約38億年前の岩石と生命の痕跡が発見されて話題になった。また、オーストラリアで発見された岩石からは約42億年前の鉱物が発見されている。

ところで、地球の年齢が「約46億年」というのを耳にしたことはないだろうか。地球で最も古い大地が約38億年、最も古い鉱物が約42億年ということは、地球上にそれよりも古いものは存在しない。誕生間もない地球がマグマだった頃に溶けて変質したのだ。何を根拠に約46億年という地球の年齢を測定しているのだろうか。

地球の年齢は、太陽系から地球に落ちてきた隕石を調べて導き出されたものだ。隕石を調べる理由は、太陽系を漂っている隕石は地球の誕生と同時期のものと考えられているから。地球は複数の隕石が繰り返し衝突し、合わさって徐々に大きな惑星となっていった。地球に落ちてくる小さな隕石は「大きな隕石の欠片《かけら》」であると考えられている。つまり、地球誕生の基になった大きな隕石の成分をそのまま保っている可能性があるのだ。その隕石を詳細に調べることで、地球の年齢を計算している。

しかし、約46億年もの長い年代をどうやって計算しているのだろうか。これは、ウランやプルトニウム、炭素などの放射性同位体に、一定期間を経ると別の元素に変わる性質があることを利用している。例えば、ウランは一定期間を経ると鉛に変わる。ウランの同位体であるウラン238は、46億年を経過すると、ある一定割合で鉛に変わるのだ。

そこで、隕石の中のウラン238の量を測定し、あわせてウラン238から鉛に変わった量を測定した。もし、ウラン238の量が多く、ウラン238から鉛に変わった量が少ない場合は「まだ少ししかウラン238が鉛に変わっていない」ことになり年代が新しいと考えられる。反対にウラン238から変わった鉛の量が多くなるほど、年代は古くなる。そうした測定の結果、地球の年齢が約46億年と計算されたのだ。

ウラン238の割合で地球の年齢を測定

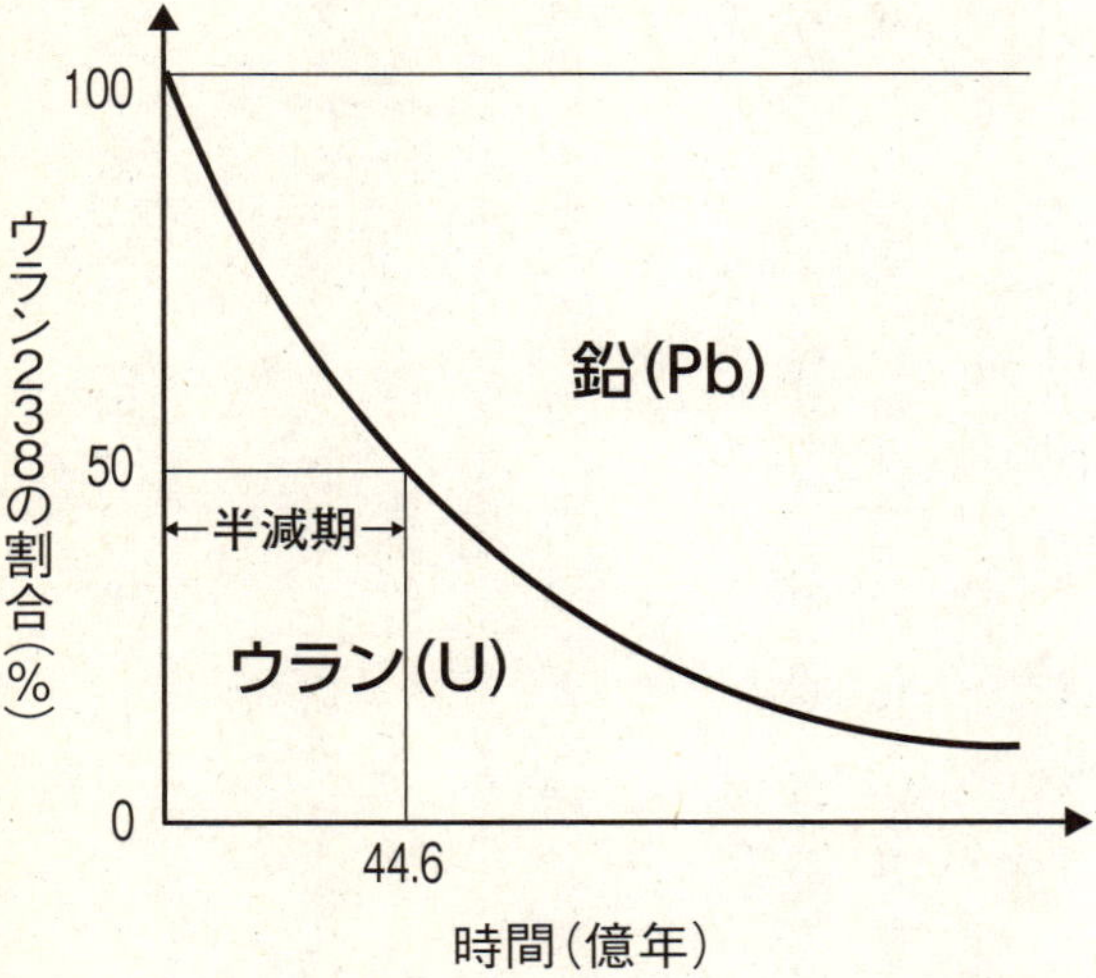

23 「どこから」を宇宙と呼ぶのか？

夜空を見上げるとはるか遠くまで「無限」で広大な宇宙空間が広がっていることがわかる。地表から宇宙空間までは、連続的に無段階につながっている。いったいどこまでが空であり、どこから先が宇宙なのだろうか。

地球を取りまく大気が地球の重力によって引きつけられている大気圏には、いくつかの境目がある。「対流圏」「成層圏」「中間圏」「熱圏」「外気圏」に分けられている。対流圏は高度10～12キロ程度の圏内で、そこから高度50キロ程度までが成層圏、高度50キロ程度から80キロ程度までが中間圏、高度80キロ程度から600キロくらいまでが熱圏、さらにその先が外気圏とされている。ジャンボジェットなどの大型の旅客機が飛行しているあたりは対流圏で、スペースシャトルや国際宇宙ステーションが飛行している高度400キロあたりは熱圏だ。

この大気圏の中でも、高度が100キロを超えると空気がほとんどなくなってし

どこからが宇宙なのか

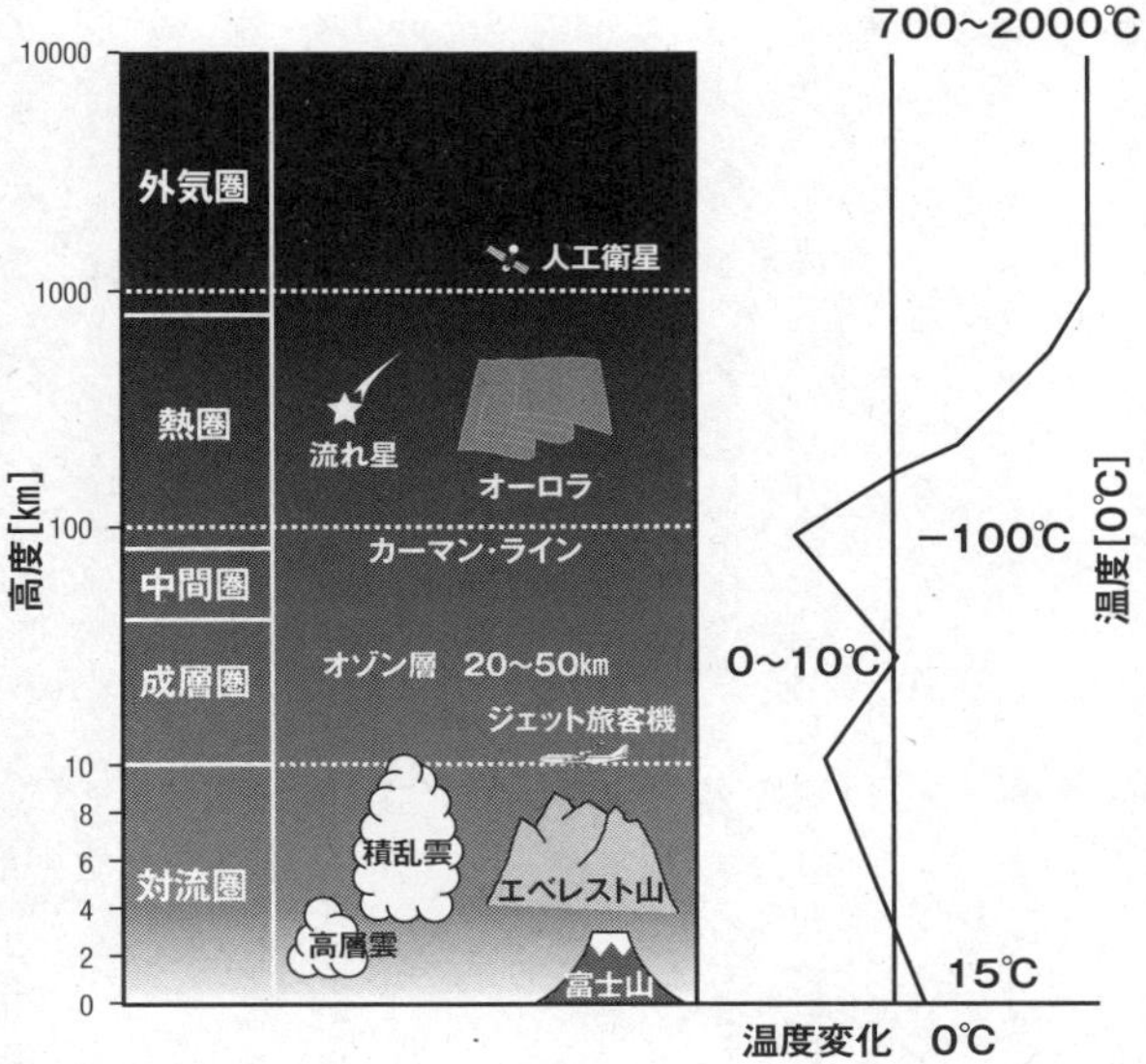

10000
1000
100
10
8
6
4
2
0
高度[km]
外気圏
熱圏
中間圏
成層圏
対流圏
人工衛星
流れ星
オーロラ
カーマン・ライン
オゾン層　20~50km
ジェット旅客機
積乱雲
エベレスト山
高層雲
富士山
700~2000℃
−100℃
0~10℃
15℃
温度変化　0℃
温度[0C]

まい、真空状態の空間となる。そこで、一般的には真空状態となる高度１００キロから先を宇宙空間とすることが多い。国際航空連盟でも航空機の記録と宇宙機の記録を区別するために、高度１００キロに「カーマン・ライン」と呼ぶ境界線を設定している。その境界線より上空を宇宙と定義し、そこを飛行したものは宇宙飛行として記録しているのだ。一方、アメリカ空軍では、高度80キロから先を宇宙としている。なお、最近話題の「民間宇宙旅行」が目指しているのは、高度１００キロの宇宙空間だ。

ところで、地球の大気の成分は、地表に近いほど酸素を多く含むが、対流圏から成層圏というように高度が高くなるにつれて成分が薄くなっていく。成層圏では太陽からの紫外線などによって、酸素などが分解されてオゾンが増えていく。それらがオゾン層を形成して、太陽からの紫外線を吸収してくれる役目を果たしている。

24 冥王星はなぜ惑星から降格した？

長らく太陽系には、９つの惑星があるとされてきた。最も外側を回る冥王星は、他の天体と異なる特徴を持っていた。例えば、地球や木星などは円に近い軌道を回っているのに対し、冥王星だけは大きな楕円軌道を回っていること。８つの惑星がほぼ「同じ面の上」、つまり太陽系を横から見たときの黄道《こうどう》面に沿って動いているのに対し、冥王星の公転軌道だけが17度傾いていること。そして９つの惑星の中で冥王星は群を抜いて小さかった。風変わりな天体ともいえる冥王星だが、２００６年にそれまでの惑星から準惑星に「降格」されてしまった。

その理由は、冥王星が発見された頃からの経緯にある。冥王星が発見されたのは１９３０年。アメリカのローウェル天文台の天文学者クライド・トンボーが発見した。当時は、太陽系の９番目の惑星ということに疑いはなかったが、その後、天体観測の技術が進むにつれ、太陽系内に同程度の大きさの天体が見つかった。

1992年には、冥王星と同じような天体が、同じような場所に次々と発見されてしまったのだ。しかも、その数は1000個以上にもなるという。

とどめを刺したのは2005年に確認された天体「エリス」である。エリスは冥王星よりも大きな天体だった。それを受けて、エリスや他の天体を含めて、「太陽系には12の惑星がある」と主張する声も上がってきたほどだ。ところが反対に、「冥王星を惑星として扱って良いのか」という意見も示された。その結果、国際天文学連合は、2006年に改めて惑星を定義し直した。「太陽の周りを公転する」「重力によって球体になるほどの質量を持っている」という条件の他、「その軌道周辺で群を抜いて大きく、他に同じような大きさの天体が存在しない」という条件も示された。この3つめの条件に冥王星は明らかに合わなかった。その結果、冥王星は準惑星に降格され、太陽系の惑星の数は1930年以前と同じく8つとなったのである。

25 「何万光年」離れた星の距離をどうやって測っているの？

宇宙のスケールは壮大だ。１光年とは、秒速30万キロで進む光が1年間に到達する距離のこと。秒速30万キロとは、１秒間に地球を7周半するほどの速度だ。その速度で1年間進み続けると、１光年は約９兆４６００億キロにもなる。しかも、宇宙には何万光年、何億光年と離れた星が数多くある。光の速度でも何万年も何億年もかかる距離だ。いったいどうやってそんな遠くにあるとわかるのだろうか。

地球と星との距離を測る方法はいくつかある。１００光年くらいの比較的近い星であれば三角測量の原理を使う。三角測量とはＡ、Ｂ、Ｃの３地点があるとき、ＢとＣの距離と、「角度ＢＣＡ」「角度ＣＢＡ」を測定してＡの場所を特定する方法だ（75ページ図）。

地球は太陽の周りを半径約1億５０００万キロの軌道で公転している。「夏のある日の地球」をＢ、正反対の「冬のある日の地球」をＣとすると、まずＢとＣとの距離が公転の直径約３億キロになる。あとは夏のある日の地球からＡの星が見える角度と、冬のある日の地球から見える角度を測る。Bから見えた角度で伸ばした直線とCから伸ばした直線が交わったところがAの場所だ。

一方、何億光年も離れた星や銀河までの距離を知るにはどうするのか。それには、「宇宙がものすごい速度で膨張している」という理論が大前提となる。遠くにある星や銀河ほど高速で遠ざかっていることから、速度が測定できれば距離を推定できる。

それでは、どうやって速度を測るのか。具体的には、星や銀河が発する光のスペクトルを分析する。すると光が赤い色、つまり波長の長い光が多いといった「波長のずれ」がわかる。「遠ざかっている物体から出る光の波長は長いほうにずれる」という性質があることから、赤い色の光が多くなればなるほど、それだけ高速で遠ざかっていることになり、速度を測定できる。そこから距離を推定することができるというわけだ。

はるか遠くの星の距離を測る三角測量

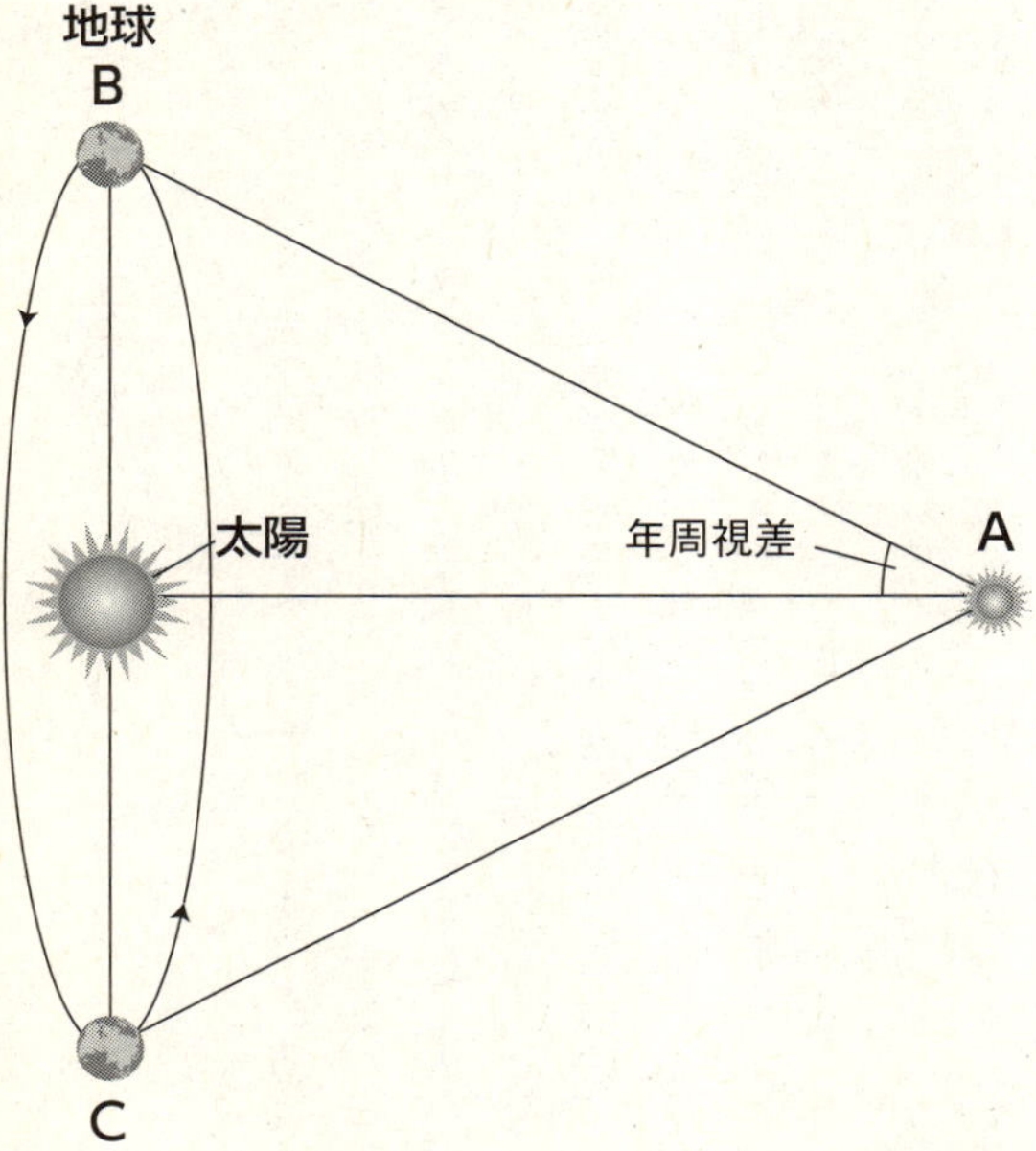

26 宇宙にはなぜ空気がないのか？

地上には空気がある。空気があるから人間も動物も植物も呼吸できる。声を使って会話ができるのも、空気が振動を伝えるからだ。もし、空気がなければ、生命に有害な紫外線や電磁波がダイレクトに地表に降り注ぎ、地球に生命が誕生することはなかっただろう。

地球の空気の成分は、約8割が窒素で、約2割が酸素。その他に、アルゴンや二酸化炭素、ヘリウム、メタンなどが含まれる。空気は上空に行くほど薄くなる。一般的に、空気があるのは高度100キロほどまでで、そこから上は真空の宇宙空間となる。真空なので空気はないとされている。

それでは、なぜ宇宙には空気がないのか？　その理由は、宇宙空間があまりにも広大だからである。じつは宇宙にも微量ながら空気はある。水素やヘリウムなどの微量な星間ガスは存在しているし、2011年にはオリオン座星雲で酸素が観測されている。また、宇宙空間にはガス状の星もある。その中には水素やヘリウム以外にも、窒素や酸素などが存在するのだが、それらを引きとめる引力が弱いために、どんどんと宇宙空間へと流れてしまっているのだ。

地球の空気も引力でとどめられているが、地表から遠く離れた上空にある空気は、引力の影響が弱まるにつれ宇宙空間に流れ出して、そのまま漂っている。つまり、宇宙にも空気は存在するが、あまりにも少ないので、ほぼ真空となっているのだ。

じつは、宇宙が真空であることは宇宙研究の分野で大きなメリットをもたらした。例えば宇宙空間に浮かべた巨大なハッブル宇宙望遠鏡を使うと、空気の影響を受けないためにはるか遠くの宇宙までを見通せるようになった。銀河の中心にブラックホールがあること、太陽系以外の恒星にも惑星が存在すること、宇宙に未知のエネルギーであるダークエネルギーや目に見えない未知の物質ダークマター（暗黒物質）が存在することなどは、宇宙に空気がほとんどないからこその発見だったといえる。

27 空気がない宇宙でも、なぜ風が吹くの？

２０１２年８月25日、人類は「太陽圏」の外に飛び出した。１９７７年に打ち上げられた宇宙探査機ボイジャー１号が40年近い年月をかけて太陽圏の外に到達したのだ。とはいえ、宇宙に「ここから先は太陽圏外」といった標識が立っているわけではない。

何が太陽圏の内と外を分けているのか。それが「太陽風」だ。地上の風は空気が流れる現象だが、宇宙にはほぼ空気はない。それでも太陽が放出する大量のプラズマ（高温のガス）が風のように流れている。これが太陽風の正体だ。太陽風の届く範囲を太陽圏と呼び、そこでは空気はなくても「風が吹いている」のだ。

太陽風とはプラズマという、いわばガスの流れである。プラズマとは原子核と電子が電離した状態のこと。太陽のような高温の環境では水素やヘリウムの原子が電離して大量のプラズマが生成されて放出されている。それが太陽風となる。

プラズマが発生する場所は太陽の表面のコロナや、表面の爆発であるフレアだ。巨大なフレアが発生すると放出されるプラズマの量も急増して「太陽嵐」となる。

ところで太陽風は地球環境に影響を及ぼさないのだろうか。北極や南極で見られるオーロラは、地球を包む地磁気を抜けたプラズマの一部が起こす現象として知られている。

太陽風は極めて高速で、太陽から地球に到達するまで2～5日しかかからない。通常は、地球を包む磁場がバリアとなって太陽風の影響を抑えているので、ほとんど地上に届くことはないが、「太陽嵐」ほどの量になるとさまざまな悪影響が懸念されている。

その一つが人工衛星に与える影響だ。現在、衛星放送や飛行機・船舶の航行システム、GPSを利用したカーナビなど、人工衛星を利用したさまざまなサービスが実用化されている。太陽嵐によって人工衛星に不具合が発生すると地球上のさまざまなサービスにも影響が出る。そのため、現在では宇宙環境の予測ともいえる「宇宙天気予報」の研究も進められている。

28 はやぶさが小惑星「イトカワ」から持ち帰った微粒子で何がわかる？

小惑星探査機「はやぶさ」は、2005年に小惑星「イトカワ」に着陸。微粒子を持ち帰り、2010年6月13日に地球に帰還した。その微粒子は、カンラン石、輝石、硫化鉄、クロム鉄鉱などだ。これらの微粒子を解析することで、太陽系の起源に関する研究が進むと期待されている。なぜ、はやぶさが持ち帰った微粒子から太陽系の起源がわかるのだろうか？

太陽系には、惑星、衛星などさまざまな星が存在する。その元になっているのは、原始太陽系に存在していた水素やヘリウムなどの元素、岩石や微粒子などである。惑星軌道の近くにある小惑星がより大きなものに引き寄せられ合体を繰り返しながら大きくなっていったのが、地球などの惑星である。

いくつもの小惑星がぶつかり合い、質量が大きくなると高熱を発するようになる。誕生したばかりの地球は高温のマグマの塊であった。それが次第に冷えて岩石になって、現在の地球や火星などの岩石型惑星ができあがる。つまり、惑星は大きくなる過程で、いったん溶けた状態になり、その後に冷えて固まっているのだ。しかも、この過程で小惑星だった頃の組成も大きく変わってしまう。

ところが、今も太陽系の中を漂っている小惑星は、小さいまま。どこかの惑星の「材料」になることもなく、太陽系ができた頃の組成を保っていると考えられている。

ただし、太陽系ができたままの組成とは限らない。宇宙空間とはいえ、「宇宙風化」と呼ばれる現象がある。宇宙風化とは、太陽から発せられる太陽風（プラズマの風）や小さな隕石の衝突によって変化していく現象だ。

半径約１６０メートルのイトカワは、大きな小惑星が分裂したものと考えられている。引力も弱いのでイトカワの表面から剥がれた粒子は宇宙空間に流れ、徐々に小さくなっていくとも考えられている。そのようにさまざまな条件を加味した上で、イトカワの微粒子を用いて、原始太陽系の組成を探す研究が始まっているのだ。

29 ダークマターとはどんな物質なのか?

多くの人にとって目に見えるモノの存在を信じることは簡単だ。超能力や魔法など「目には見えないモノ」の存在を信じることはできないという人も多いだろう。ところが、広い宇宙には目に見えないモノが存在しているようだ。

存在しているどころではない。宇宙を構成する物質のおよそ95%が目には見えないモノとされている。宇宙空間はいまだにその大半が未知の物質で埋め尽くされていて、それらは、「ダークマター」や「ダークエネルギー」と呼ばれているのだ。

ダークマターとは日本語では「暗黒物質」と表記することもある。わかりやすく記すと「目には見えない」が「質量はある」物質だ。ダークマターは、光も電波も発することがないため、通常の観測手法では見つけ出すことができない。それなのに、なぜ存在していると考えられているのか。それは、宇宙を観測していると「目には見えない」が「質量はある」何らかの物質、つまりダークマターが存在しないことには説明できない不思議な現象がいくつも起きているからだ。

例えば、惑星の公転だ。地球は太陽の周りを一定の距離を保ちながら公転している。これは太陽の引力と地球の公転速度による遠心力のバランスが取れているためだ。地球の公転速度が速くなり、遠心力が太陽の引力よりも大きくなると、地球は太陽系の外に飛んで行ってしまう。太陽系では太陽に近い惑星ほど、太陽からの引力が強く働くので、その強い引力と遠心力がつり合うように高速で公転している。その反対に、太陽から遠い惑星には弱い引力しか働かないので、小さな遠心力でもバランスが取れる。よって公転速度も太陽から離れた惑星ほど遅くなっているのだ。

ところが、1970年代にアメリカの天文学者ヴェラ・ルービンがある銀河を観測していたところ、中心に近い惑星も遠い惑星もほぼ同じ速度で公転していることがわかった。そこで、惑星の大きさや公転速度から遠心力とバランスを取るのに必要な引力を計算してみたところ、見えている物質の10倍もの質量を備えた「見えない物質」が、その銀河に存在しないことには、それだけの引力が生まれないと考えられたのである。その目には見えない仮定の物質がダークマターと呼ばれるようになった。

ダークマターとは、宇宙で起きている現象を観測することで、その存在が推測されている物質だ。現在では「電荷を持たず」「重さを持ち」「安定である」と考えられている。

こうした性質を持つ物質は、すでに知られている素粒子の中には該当するものがないという。まったく新しい理論に基づく、未発見の素粒子でないと説明できない。その有力候補の一つが「ニュートラリーノ」と呼ばれる素粒子だという。まだ発見されていない素粒子だが、陽子の30～5000倍の質量を備えているという。

私たちの身のまわりでも約10センチ四方の空間（約1リットルの空気）に約1個の割合でダークマターが存在しているらしい。

30 人工衛星はなぜ落ちてこない？

ボールを投げると離れたところに落ちる。スピードをつけると遠くに落ちる。投げるスピードをどんどん速くしていくと、遠くまで飛び続けて地球を一周するだろう。それが人工衛星が落ちない理由だ。「すごいスピードで飛び続けている」からだ。例えば高度約４００キロの高さでは秒速7・9キロ（時速2万8０００キロ）で飛び続けると、引力と遠心力のバランスが取れ、地球を回り続けられるという。

31 火はなぜ熱いのか？

モノが燃えるのは、可燃性の物質と酸素が結びつき熱と光を発するからだ。例えば、ロウソクの火の中では、ロウと酸素が結びつき、原子がものすごい速さで動いている。モノの温度は原子の動く速さで決まる。水のように冷たいモノは原子があまり動かず、お湯のように熱いモノは原子が激しく動いている。火が熱いのは、原子が非常に速く、激しく動き回っているからだ。

32 モノを燃やすと出る煙の正体とは?

木材や紙、布などを燃やすと煙が出る。木材や紙、布などの有機物は炭素を含み、加熱されると燃えやすいガスとなる。このガスが酸素と結びつく反応が燃焼で、炎となって熱と光を発する。このときに酸素と結びつかなかったガスが、熱源から離れることで冷やされ、目に見える粒子になって漂っているのが煙だ。焼肉やバーベキューで煙が出るのも同じ理屈だ。

33 最大瞬間風速は、どのタイミングで測っている?

風向きや風速は「風向風速計」で計測する。模型飛行機のような形をした計測器で、機首のプロペラが何回転したかによって風速を測る。「毎秒〇〇メートル」で示す。瞬間風速とは、この計測器で0・25秒ごとに測定した値を「3秒間分合計して平均した値」だ。つまり、連続12回の測定値の平均だ。この瞬間風速の単位時間における最大値が「最大瞬間風速」だ。

34 マンガン乾電池とアルカリ乾電池は何がどう違うのか?

マンガン乾電池もアルカリ乾電池もプラス極に二酸化マンガン、マイナス極に亜鉛を使っているのは同じ。ただし、アルカリ乾電池は、マンガン乾電池よりも多くの二酸化マンガンと亜鉛を使っている。だからパワーがあり長持ちする。なぜ「アルカリ」乾電池と呼ぶのか。プラス極とマイナス極の電気の通り道となる電解液にアルカリ性溶液を使用しているからだ。

35 市販のカビ取りスプレーは、どうやってカビを落としている?

カビは微生物だ。最初は小さな胞子《ほうし》だが、フケや皮脂などを栄養にして、根を張りながら成長する。風呂場や洗面所のカビが落ちにくいのは、壁やタイルの目地《めじ》の深さ約1ミリのところまでカビが入り込んでいるからだ。しかも、薬剤などで殺しても死骸は黒いまま残る。そこで、市販のカビ取りスプレーはカビを殺し、同時に漂白剤で黒い色素を除去している。

36 高速道路で、事故でもないのになぜ「自然渋滞」するのか?

高速道路の渋滞の約7割は「自然渋滞」だという。その理由の多くは、道路が下り坂から上り坂に差しかかる「サグ部」にある。多くの運転者が下り坂から上り坂になっていることに気づかず、アクセルを踏み込まない。後続の車の速度も落ちてしまい渋滞が発生する。平坦な道から上り坂になる地点、トンネルの入口や出口も渋滞の引き金になりやすい。

37 道路に塩をまくと凍結しない理由は?

道路の凍結防止剤には塩化ナトリウム(塩)や塩化カルシウムなどが用いられる。

塩化ナトリウムや塩化カルシウムと雨や雪が混ざり、凍る温度（凝固点）を下げるからだ。濃度約23％の塩化ナトリウム水溶液は、マイナス21℃程度まで凍らないという。凍結防止効果も長続きする。積もった雪を解かす溶融剤には、おもに塩化カルシウムが用いられる。

第4章

調味料はなぜ「さしすせそ」の順で入れるといいのか?

~当たり前のようで理由を知らない「料理・生活科学」の大疑問12

38

砂糖をたっぷり入れたジャムは、どうして腐らない？

果物はそのままほうっておくと腐ってしまうが、ドライフルーツなら一般的に一カ月以上の保存が可能だ。ドライフルーツはなぜ腐らないのか。それは、乾燥させたことで果物の中の水分が減り、腐敗の原因となる微生物が繁殖できないためである。つまり、ドライフルーツは「水分活性」が低いのだ。

水分活性とは、食品の中に含まれている「自由水《じゆうすい》」の割合を示す数値だ。食品の中には、通常、タンパク質などの分子と結合した「結合水」と、細胞内を自由に移動できる「自由水」が存在している。微生物は、この自由水を利用して繁殖する。

食品の中にそもそも水分がない場合や、水分があっても結合水しか存在しない場合には微生物は繁殖できない。ドライフルーツには自由水が少ないために微生物が繁殖できず、腐りにくくなっているのだ。

さて、ドライフルーツと同じように果物をもとに作られている食べ物にジャムがある。ジャムは乾燥していないどころか、むしろ果物の水分をしっかりと含んでいるようにも見える。ところが瓶詰めで開封していないジャムなら賞味期限は一年以上とかなり長い。なぜ、ジャムは腐らずに長期保存が可能なのだろうか。

その理由はドライフルーツと同様に「水分活性」が低いからだ。

ジャムには砂糖がたっぷり使われているが、果物が砂糖と触れることで浸透圧が発生し、果物の水分が砂糖へと移動する。移動した自由水は糖と結合して結合水になる。果物に含まれていた自由水が結合水になってしまうことでジャムの水分活性は低くなり、微生物が繁殖できなくなる。長期保存が可能となるのだ。野菜や魚を塩漬けにすることで保存期間を長くする方法はよく知られているが、理由は同じだ。

じつは、ドライフルーツを作るときに天日干しではなく、砂糖漬けで水分を抜くこともある。ダイエット中など「甘いモノ」を控えているときにドライフルーツを食べるなら、どのような方法で自由水を取り除いているのかを調べてみるといいだろう。

39

調味料はなぜ「さしすせそ」の順で入れるといいのか？………

和食の味付けの基本といえば「さしすせそ」だ。煮物などに調味料を加えるときの順番として聞いたことがあるだろう。「さ」は砂糖、「し」は塩、「す」は酢で、「せ」は醤油の古い仮名表記の「せうゆ」、「そ」は味噌の「そ」だ。なぜこの順番で入れるのか。

まずは、砂糖と塩の順番を考えてみる。砂糖を先に入れるのは、「分子の大きさが違う」からだ。砂糖の分子のほうが塩の分子よりも大きいので先に入れる。塩を先に入れてしまったら分子が食材の内部にまで入り込み、後から砂糖が染み込む余地がなくなってしまう。

また、塩には食材の水分を奪って「引き締める」効果がある。煮物などで味付けに塩を入れると、食材から水分が染み出してくるが、その水分が煮汁と混ざり合い、再び食材の中に戻っていく。このとき、先に入れていた砂糖の分子は食材に残ったままで、そこに塩の味が加わっていくのだ。

さて、酢と醤油と味噌だが、これらはいずれも風味や香りをつける役割を果たす。酢の酸味や、醤油、味噌の香りは揮発性なので、入れた後にさらに煮込むと飛んでしまう。なので順番としては「さしすせそ」の後のほうが良い。

ただし、調味料の「さしすせそ」はあくまでも考え方の基本だ。砂糖と醤油の味が利いた煮魚なら、最初から醤油を入れて味を染み込ませることもあるだろう。

なお、「さしすせそ」にはないが、酒やみりんも和食に欠かせない調味料だ。どのタイミングで入れたら良いのか。酒は、砂糖と同様に先に入れたほうが良い。酒には食材を柔らかくする効果がある上、早く入れることでアルコール分を飛ばせる。

みりんは、本みりんとみりん風調味料によって入れるタイミングが異なる。本みりんは砂糖の代役で使われることが多く、アルコールも含むので先に入れる。みりん風調味料は風味や香りをつけるので後のほうが良いようだ。

40 なぜ、味噌汁は沸騰させてはいけない？

日本人の食卓に欠かせないものといえば味噌汁だ。最近では、味噌汁の素《もと》をお椀に入れて、お湯を注ぐだけですませてしまうインスタント派も多いようだが、カツオ節や煮干しなどでダシをしっかり取った味噌汁は、やはり格別な味わいだ。

ところで、味噌汁を作るときには「沸騰させてはいけない」という。なぜだろう。

味噌汁の味噌には、白味噌と赤味噌がある。白味噌は大豆をゆでて使うが、赤味噌は大豆を蒸して作る。いずれも味噌が樽の中で熟成されるときに、米こうじの酵母が糖を香り成分へと変化させる。これが味噌汁独特の香りを引き出している。

一方、味噌のうま味成分であるタンパク質は、熱せられると徐々に味噌からダシ汁へと溶け出す。ただし、約65℃以上にまで熱せられると、味噌からダシ汁へと溶け出すのがストップしてしまうとされている。

あわせて、香り成分は温度が90℃以上になると揮発してしまう。つまり、味噌汁を沸騰させてしまうと、うま味がそれ以上は溶け出してこなくなるばかりか、香り成分までが揮発してしまい、味噌汁の香りやうま味を味わうことができなくなってしまうのだ。そのため、煮立つ直前に火を止めるのが良いとされている。

ちなみに、味噌汁をおいしく作るには、味噌の入れ方にも注意しよう。味噌を入れるタイミングはダシ汁が沸騰し、具材に火が通ったところでいったん火を止める。沸騰が収まってきたところで、味噌を溶きながら入れていく。そして、再び火を入れ、煮立たせないように注意しながら温めていく。再度、火を止めるタイミングは「煮えばな」だ。つまり、沸騰直前に「グラッ」とする瞬間のこと。この瞬間に火を止めると、味噌独特の風味を味わうことができる。

なお、白味噌は、赤味噌と比べて香り成分が揮発しやすいという。赤味噌は長期の熟成で味噌そのものに香りやうま味成分が閉じ込められているので、たとえ沸騰してしまったとしても、香りや成分は揮発しにくいといわれている。

41 ノンアルコールビールはどうやってアルコールをゼロにしている?

40代、50代の会社員が若かりし頃は、飲み会といえば「とりあえずビールで乾杯!」が定番だった。ところが、現在、国内のビール市場は低迷を続けている。そのかわりに人気なのがノンアルコールビールだ。

日本では1%未満のアルコールを含むビールテイスト飲料のことをノンアルコールビールと呼ぶ。日本の酒税法では、アルコール度数が1%未満であれば、例えば0・4%を四捨五入して「アルコール0%」と表示しても良い。各社が、こぞって「0・00%」と小数点以下まで表記しているのは、限りなくゼロに近いことをアピールしているのだ。

さて、ノンアルコールビールは、どうやってアルコールをゼロに近づけているのか。方法は大きく4つある。まずは、「ビールを製造した後に、アルコールだけを除去する」方法だ。ドイツなど海外のノンアルコールビールはこの方法で作られることが多いが、日本ではあまり使用されていない。具体的にはビールに熱を加えて蒸発させ、アルコールとそれ以外の成分に分ける。ただし、高温にすると味や香りが失われてしまうので、常温でも沸騰するように気圧を下げて行う「減圧蒸留法」でアルコール分を除去する方法もある。

日本で採用されている方法はおもに3つ。まずは、ビールを作るときと同じような方法だ。ビールの製造工程は、麦芽と米などを細かく砕いて温水と混ぜ合わせ、適度な温度で寝かせ、さらにホップを加えて煮沸して麦汁を作ることから始まる。麦汁にビール酵母を加えて発酵させると、麦汁の糖分がアルコールと炭酸ガスに分解されビールができる。

ノンアルコールビールを作る一つめの方法は、ビール製造工程の中で麦汁を作るところまでは同じだが、酵母で発酵させず、不純物を取り除いて炭酸などを加えて作る。

もう一つが、麦汁を使用せずに、大麦や小麦から作る「麦芽エキス」を利用する方法だ。ノンアルコールビールの原材料名のところに「麦芽エキス」と書かれていれば、この方法だ。大麦や小麦を発芽させた麦芽エキスに炭酸や香料などを添加していく。

3つめの方法は、ビール酵母が発酵してアルコールを作り出しているときに、発酵の時間を極端に短くしてアルコールをあまり作らせないようにするという方法だ。この方法はビール酵母による発酵の段階までは、ビール作りと同じ。発酵時間を短くする工夫だけでなく、アルコールをあまり作り出さない種類の酵母菌を使うなど各社独自のノウハウがある。

なお、ノンアルコールビールなら、飲んでも酔わないと考えがちだが、必ずしもそうではないようだ。普段からビールを飲んでいる人の場合、味や香りが似ているノンアルコールビールを飲むと「脳がビールと錯覚して」酔っぱらったような感じになることもあるという。酒気帯び運転や飲酒運転になるかどうかは呼気《こき》の中のアルコール分によるが、ノンアルコールビールとはいえアルコールがゼロではない。飲んで車を運転するのはやめたほうが良い。

42 スイカに塩を振ると甘く感じるのはなぜか？

人間の舌には食べ物の味を感じる「味蕾《みらい》」と呼ばれる器官が約１万個も存在するという。これらの味蕾によって、「甘味」や「塩味」「酸味」「苦味」「うま味」といった「五味」を感じている。この味蕾は単純に甘味や酸味を感じるだけではない。甘味と苦味が混じり合った「ほろ苦い」味や酸っぱさの中にも甘味のある「甘酸っぱい」味なども味覚として感じ取ることができる。スイカのような甘いものに塩を振ると、甘味をより強く感じることがあるが、これも味蕾の機能によるものだ。

それではなぜ、スイカに塩を振ると甘さがより引き立つと感じるのだろうか。これは、味の「対比効果」による。味の対比効果とは、甘味と塩味など異なる２種類の味があるときに、弱いほうの味（この場合は塩味）で強いほうの味（甘味）をより引き立たせる作用のこと。スイカに塩を振るのも、お汁粉に塩をひとつまみ入れるのも対比効果によって甘さを引き立たせるためで、「隠し塩」として古くから知られている。塩の対比効果によってより引き立った甘味を、人間の舌にある味蕾がしっかりと感じているのだ。

ところで、異なる味を同時に味わうことによる効果は対比効果だけではない。「抑制効果」や「相乗効果」などがある。抑制効果とは、対比効果とは反対に片方の味が弱まるというもの。コーヒーに砂糖を入れて苦味を弱めたり、レモン汁に蜂蜜を入れることで酸っぱさを弱めたりする作用だ。

相乗効果とは、同じ味を組み合わせることで味をより強くする作用のこと。例えば、昆布とカツオ節でダシを取ると、うま味にうま味が加わる相乗効果でよりしっかりとした味になる。

ちなみに、カレーやキムチなどを食べたときに感じる「辛味」だが、これは五味に含まれていない。辛味は甘味や塩味、酸味など他の味のように味蕾で感じるものではなく、舌の痛覚や温覚によって捉えられるものだからだ。つまり、辛味は味覚ではないともいえるのだ。

43 魚を焼くときに「尺塩を振る」とおいしく焼ける理由は？

魚料理での塩の使い方にはいくつかの種類がある。例えば、塩水で魚の切り身を洗い、臭みを消す「立て塩」や、漉《こ》した塩水をスプレーで振りかける「水塩」。和紙越しに塩を振ることで、ほのかな味をつける「紙塩」など。なかでも一般的なものは、魚や切り身を焼く前に塩を振りかける「尺塩」だ。

尺塩のやり方は、手でつかんだ塩を「1尺の高さ」、つまり20～30センチの高さから魚に振りかけるというもの。このとき手のひらを上向きにして、指と指の隙間から塩を落とすようにすると、全体に均等にかけることができる。尺塩をすると魚をおいしく焼けるというのだが、その理由はいったい何なのだろうか。

尺塩の効果は、大きく分けて2つある。一つは、魚の表面の水分と塩が混ざることで、魚が食塩水に包まれるという点だ。これによって魚の内部と外部の塩分濃度に違いが生まれ、浸透圧が発生する。要は魚の内部から水分が出ていくのだが、それと同時に、生臭さの原因であるトリメチルアミンなどの成分も排出される。これをキッチンペーパーで拭くことで、臭みの取れた魚を焼けるのである。

もう一つは、表面に塩が存在することで、熱したタンパク質が凝固しやすくなるという点だ。これによって、焼き始めてから魚の表面が早く固まるので、身が崩れにくくなり、かつ、内部にうま味が凝縮される。このため、魚がおいしく焼ける。

塩の使い道はこれだけではない。「呼び塩」という技術を利用すれば、塩漬けの魚から塩を抜くことも可能である。呼び塩とは、塩漬けの魚を薄い塩水に浸すというものだ。浸透圧によって、魚の塩分が外部へと排出されるわけである。

ちなみに、薄い塩水ではなく真水で呼び塩をしようとすると、浸透圧の関係でうま味や栄養まで流出してしまう。塩を使った調理法を見ていくだけでも、古くから伝わっている技術や、単純そうな調理方法にも、科学的な要素が詰まっていることが理解できる。

44 肉は腐る直前がおいしいって本当？

スーパーで買ってきた肉をそのまま放っておくと腐る。腐ってドロドロとしてくる。なぜドロドロになるかというと、肉の中にあるタンパク質分解酵素であるプロテアーゼによって、肉の組織が分解されていくからである。このプロテアーゼの働きは、タンパク質を分解するだけではない。うま味成分であるアミノ酸を増加させていく機能もある。つまり、プロテアーゼをうまく働かせると、肉は柔らかく、味わい深いものになっていくのだ。肉は「腐る直前がうまい」というのは、プロテアーゼが肉を柔らかくし、うま味を引き出しているからだ。

このような肉質の変化を、食肉の分野では「熟成」と呼んでいる。しかし、ただ肉を放置していただけでは、雑菌が繁殖して腐ってしまう。肉を熟成させるには特殊な工程が必要だ。

基本的な熟成方法として「ドライエイジング」というものがある。これは、生肉を室温0～4度、湿度80％で通気性の良い場所に、半月から一カ月ほど貯蔵させるというもの。この環境で貯蔵することによって、肉は腐らず、凍らず、ほどよく乾燥して熟成されていく。

このドライエイジングで作られた熟成肉は、芳醇な香りと味わい深さから、マニアの間でも高い人気を持っている。しかし、貯蔵する場所が必要、かつ電気代や維持費などのコストもかかる。そのため、現在は「ウェットエイジング」という熟成方法が主流だ。ウェットエイジングの場合、熟成は真空パックの内部で行われるので、肉は乾燥しない。熟成肉に「乾燥」という言葉が使われていなければ、ウェットエイジングで作られたものと思っていいだろう。

ただし、肉を熟成させるには専門の知識と設備が必要だ。家庭で熟成肉を作るのは食中毒につながる危険性が高いので控えたほうが無難だ。ちなみに、スーパーでよく見かける生ハムも熟成肉の一つ。薄くカットされた、きれいな見た目からは想像しがたいが、熟成期間中は肉の表面にカビが生えている。

45 無洗米は、どうやって作っているのか？

和食の基本であるお米。日本人の場合、初めて料理を作るときには、お米の研ぎ方から教えてもらったという人も少なくないだろう。しかし、近年では、研ぐ必要のない無洗米が広く流通している。この無洗米は、なぜ研がなくてもいいのだろうか。

そもそも米を研ぐ理由は、玄米を白米に変える精米の過程で、削り切れなかったヌカやゴミを取るためだ。米の研ぎ汁が白いわけは、洗い流されたヌカによるものだ。この処理を行わずにお米を炊くと、ヌカの臭いが染みついてしまう。つまり、無洗米とは、あらかじめ「ヌカを取り除いた米」のこと。どのような方法でヌカを処理しているのだろうか。

無洗米を作る方法の一つに、「ＢＧ精米製法」というものがある。これは、精米したお米をステンレスの筒に入れてかき回す方法だ。ヌカの粘着性を利用し、かき回すことで「お米を筒の内壁に付着させてからはがす」を繰り返す。次第にヌカだけが内壁に付着していって、ヌカとお米が分離され、無洗米ができあがる。

この他にも、水を利用してヌカを柔らかくした後に、熱したタピオカを加えて、それにヌカを付着させるという「NTWP製法」や、水洗いでヌカを落とした後に、短時間で乾燥させる「水洗い乾燥法」などが知られている。

ポイントはいずれの方法も特殊な薬品などを使用していないこと。もし、薬品などを使ってヌカを取り除くと、今度はその薬品を取り除くためにお米を洗わなくてはならなくなる。無洗米でなくなってしまう。なお、水を使わない製法で作られた無洗米の場合、研ぐ過程で流れ出てしまうビタミンB_1などの栄養素が、豊富に含まれているというメリットもある。

余談だが、無洗米を水に浸すと、白く濁ることがある。これはヌカを取り除けていないから濁っているわけではなくて、無洗米からでんぷんなどが溶け出ていることによる。なので、この水を流してしまうと、栄養やうま味が流れてしまうことになる。

46 なぜワインだけコルクでふたをするの？

ワインやウイスキー、日本酒など、ボトルや一升瓶に詰められて販売されているお酒は数多い。このうち、ワインはコルクで栓をする。最近ではスクリューキャップなどで栓をしたワインも見かけるが、多くはコルクが使われている。なぜだろうか。

その理由は、ワインの熟成と関係している。ワインは樽で保存されているときだけでなく、ボトリングされた後にも「瓶熟成」する。大量の酸素に触れると劣化してしまうが、空気を断って長く「寝かせて」おくと熟成して香味が増すのだ。瓶の中に空気が入り込まないように栓ができ、しかも、熟成に必要とされる微量の酸素を「呼吸するように」取り込める。さらに、長期保存をしても金属キャップのようにサビの心配がない材料として、17世紀後半にヨーロッパでコルクが使われるようになったのだ。

つまり、ワインが瓶詰めで販売された当時、最適な材料がコルクだったのだ。ちなみにコルクは「コルクガシ」と呼ばれる樫《かし》の樹皮から作られる。約400年間にもわたってコルク栓が使われてきたことから、「年代もののワインにはコルク栓」というイメージが定着しているのだ。

しかし、天然のコルクが必ずしもワインの栓に最適な素材かというと、そうとはいい切れない。コルク栓にはワインに「コルク臭」と呼ばれる独特のカビ臭さをもたらしてしまうなど「コルク汚染」が指摘されている。そこで、コルク栓ではなく、スクリューキャップのワインも登場している。ニュージーランドのワインは多くがスクリューキャップだ。また、天然のコルクを粉砕し、コルク汚染を防ぐために高温で二酸化炭素処理して加工した「ディアムコルク」を使うワイナリーも増えてきている。

なお、コルク栓のワインを保存するときには、必ずボトルを横にして置くこと。ボトルを立てて置いておくとコルクが乾燥して縮んでしまい、密封状態を保てなくなる。ワインとコルク栓を触れさせることで、適度な湿気を与えなければいけない。

47 つるっとカラがむけるゆで卵を作るにはどうすればいい？

ゆで卵のカラをむくとき、カラと白身がくっついてうまくむけないことがある。ところが、ゆで卵によっては、つるっとカラがむけるときもある。なぜ、うまくむけたりむけなかったりするのだろう？

理由は、卵の鮮度と関係がある。卵の中にはさまざまな栄養素や成分が含まれているが、その中には二酸化炭素もある。卵をゆでたときに、この二酸化炭素が膨張して白身の体積が増え、白身がカラの内側に強く押しつけられ、ピタッとくっついてしまうのだ。

二酸化炭素は、新鮮な卵に多く含まれている。つまり、新鮮な卵ほど、ゆでたときに白身の膨張率が大きく、カラの内側にくっつきやすいということ。二酸化炭素が多いと、白身が膨張しすぎてカラを破り、飛び出てしまうこともある。

反対に生み落とされてから時間がたった卵は、時間の経過とともに二酸化炭素が外に抜け出てしまい、少なくなっている。ゆでてもあまり膨張せず、白身がカラに強くくっつくことはない。カラがつるっとむけるゆで卵を作りたいのであれば、1～2週間、冷蔵庫で保管して鮮度を落とした卵を使うほうが良いことになる。

ちなみに、喫茶店のモーニングなどについているゆで卵はカラがつるっとむけることが多い。あれは鮮度を落とした卵を使っているわけではなく、ゆでた卵を素早く冷水に浸していることが多い。ゆでた卵は中身が膨張しカラの内側にくっついているが、冷たい水で急冷すると一気に収縮する。その際、カラと中身の収縮率の違いから、カラの内側の薄皮と中身の間に隙間ができる。この隙間のおかげでカラがはがれやすくなるのだ。

つまり、カラがつるっとむけるゆで卵を作るには、あえて鮮度を落とした卵を使うか、ゆでた後に冷水で急冷すると良いということ。なお、生卵を割ったときに卵白が白く濁っているように見えることがあるが、あの白い濁りは二酸化炭素によるもの。鮮度が落ちて二酸化炭素が抜けた卵の卵白ほど綺麗な透明をしている。

48

「海洋深層水」はなぜ体にいいのか？

地球は「水の惑星」ともいわれるように、地球表面の約70％が海だ。海底には火山も谷もある。世界で最も深い海は、日本の南東に位置するマリアナ海溝で水深約1万1000メートル。海の深さを平均すると約3800メートルになり、ちょうど富士山が沈む深さだ。海は広いだけではなく起伏に富み、そして「深い」ことがわかる。

その広く深い海から汲み上げる「海洋深層水」。いったいどのくらいの深さから汲み上げているのだろうか。じつは、意外に浅く、約300メートルより深い程度のところから汲み上げている。

そもそも海洋深層水とは、およそ200〜300メートルよりも深いところの海水全体に対しての呼び名だ。海の平均水深が約3800メートルということから考えると、海水の95％近くが海洋深層水。希少性が高い海水ではないのだ。

ただし、海洋深層水には、さまざまな特徴がある。例えば「富栄養性」もその一つ。ミネラルが豊富なのだ。水深200~300メートルを超えると海の中に太陽の光がほとんど届かなくなる。光の届かない海の中では植物性プランクトンが光合成をできないため、無機栄養塩類である窒素、リン、ケイ素などのミネラルが消費されずに残る。そのため、栄養分が豊富な海水となる。

ちなみに、海洋深層水は海水なので、そのままでは飲料に適さない。販売されている海洋深層水は脱塩されている。飲み続けると、ピロリ菌抑制、整腸作用、免疫力アップ、血流促進作用、血圧降下作用などに効果があるとされている。

ところで、現在、日本には北海道から沖縄まで約15カ所の海洋深層水取水施設がある。いずれも水深約300メートルより深いところから汲み上げているが、そのうち、静岡県伊東市にある施設では日本最深となる水深約800メートル、沖縄県海洋深層水研究所では水深約600メートルから取水している。

なお、海洋学的には、おおまかに「水深数千メートルよりも深いところ」の海水を深層水としている。

49

「抗菌加工済み」のまな板は洗わなくても菌が繁殖しない？

近年、清潔への意識が高まっている。ホームセンターなどに行ってみると、さまざまな抗菌グッズが目に飛び込んでくる。靴下や肌着など身につけるものから、洗濯機や掃除機などの電化製品、台所で使うまな板や食器を洗うスポンジ、特にトイレやお風呂、台所で使うグッズには「抗菌」と書かれた製品が多い。抗菌ノート、抗菌消しゴムといった文房具まで、抗菌機能を宣伝しているものもある。

なかには「抗菌仕様だと菌は繁殖しない。台所のまな板を抗菌にすれば、洗わなくてもいい」などと思っている人もいるかもしれない。本当のところはどうなのだろうか。

結論からいうと、抗菌だからといって、洗わなくていいということはない。

抗菌に似た言葉に、殺菌、除菌などがある。この違いを覚えておこう。殺菌とは、その言葉の通り、「菌を殺す」効果を持つもので、医薬品や医薬部外品でのみ使用が認められている。菌を殺す作用を持つものとして消毒薬や石鹸などがある。

除菌とは、対象となるものに付着する菌を「除去して減らす」という意味である。例えば、除菌スプレーを布団などに吹きかければ、布団に生息するさまざまな菌を減らすことができるのだ。ただし殺菌はできない。

一方、抗菌とは、「菌の繁殖を抑える」という意味であって、菌を殺す、あるいは菌を減らすという意味ではない。つまり、抗菌グッズは菌の繁殖を防ぐには効果があると考えられるが、殺菌や除菌の効果はないのだ。

そう考えると、さまざまな食材を載せるまな板には、多種多様な菌が付着するだろう。抗菌加工のまな板であれば、それらの菌がそれ以上、繁殖するのを抑える効果はあるかもしれない。ただし、まな板に付着してしまった菌を殺す、あるいは除去する作用は期待できない。したがって、まな板を抗菌にしたからといって、洗わないままでは菌は生き続ける。衛生的ではない。だから、まな板は使うたびにきちんと洗わないとならないのだ。

第5章

どうして心臓だけはガンにならないの？

~知ってるようで知らない「医学・人体」の大疑問9＋8

50 風邪の特効薬が作れない理由は？

風邪は、おもに鼻やのどにウイルスや細菌などが感染することで発症する。風邪の原因となるのは80～90％がウイルスで、まれに細菌などが原因となることもあるという。そう考えると風邪のおもな原因は「ウイルス感染」といえる。

原因がわかっているのなら特効薬があってもよさそうなのに、なぜ風邪の特効薬はないのだろうか。理由はいくつかある。まずは、ウイルスの数が非常に多いこと。風邪の原因となるウイルスは２００種類以上もあるという。

しかも、インフルエンザに代表されるように、同じウイルスでもいくつもの型があり、それが年々変異する。次々に新しいウイルスが生まれてきてしまっては、特効薬を作るのは難しい。

さらに、ウイルスの生命体としての特殊性も理由の一つだ。ウイルスは、他の生物に寄生しないと、生命体として活動できない。つまり、寄生していないときは「生きていない」。生きていないから「薬で殺す」ことができない。風邪がウイルス感染で引き起こされるなら「大気中を漂うウイルスをすべて薬で殺してしまえばいい」と考えるかもしれない。しかし、ウイルスは生物に寄生していないときには、いわば死んでいる。だから、鼻やのどに感染してウイルスが生命体として活動し始めた後、つまり「風邪を引いた」後でしか対処できないのだ。

風邪の特効薬の開発は困難だが、「生物に寄生しなければ生きていけない」という特性を逆手に取って、ウイルス根絶に成功した例もある。天然痘《てんねんとう》ウイルスの根絶だ。感染者に接触したすべての人にワクチンを打ち、天然痘ウイルスの感染経路を遮断した。22年間におよぶ活動の結果、1980年にWHO（世界保健機関）は「天然痘根絶宣言」を発表。天然痘ウイルスは地球上から姿を消した。

天然痘のようにウイルスを根絶することはできるが、天然痘ウイルスは人間だけが感染するウイルスだった。例えばインフルエンザウイルスは、鳥や豚なども感染する。それだけ根絶は難しいということだ。

51 どうして心臓だけはガンにならないの？

日本人の3大疾病といえば、脳卒中、心筋梗塞、そしてガンである。ガン細胞は不死の細胞だ。１９５１年に子宮ガンでなくなった女性から取り出されたガン細胞は、培養され、今もなお研究に用いられているという。

なぜ、ガンは不死の細胞なのか。それは細胞分裂を無限に繰り返すからだ。通常の細胞は細胞分裂の回数に上限があり、細胞分裂を繰り返しながら老化していくが、ガン細胞には細胞分裂の回数に限界がない。その結果、人間の体の隅々にまで転移し、やがて死に至らしめる。

肺ガン、大腸ガン、胃ガンなど人間の体の至るところにガンは発症する可能性があるが、不思議なことに「心臓ガン」という言葉を聞くことはめったにない。

それでは心臓はガンにならないのだろうか？　答えは「めったにならない」だ。

心臓の病気のうち、腫瘍《しゅよう》はわずかに0・1％。悪性腫瘍となるとさらにその20％

といわれ、確率は「０・０２％」程度にまで低くなる。それほどに珍しいのだ。

心臓が悪性腫瘍を発生しにくい理由としては、心筋が細胞分裂しにくいという要因が考えられる。ガンは細胞分裂をしながら広がっていくものだが、細胞分裂しにくければ悪性腫瘍も発生しにくいということになる。

また、一般的にガンとは悪性腫瘍と思われているが、正確にはまったく同じものではない。悪性腫瘍にはガンと肉腫の２種類がある。

ガンと肉腫の違いは発生する部分だ。人間のほとんどの臓器は「上皮《じょうひ》」という粘膜に覆われている。上皮にできた悪性腫瘍をガンと呼び、上皮以外の部位にできた悪性腫瘍を肉腫《にくしゅ》として区別している。

ところが、心臓には上皮がない。そのため、わずかな確率で心臓に悪性腫瘍ができたとしても、それは心臓ガンではなく「心臓肉腫」と呼ばれる。つまり、心臓がガンにならないのではなく、心臓には「ガンになる部分が存在しない」ともいえるのだ。ただし、他の臓器では肉腫であっても、わかりやすさからガンと呼ぶことが多いという。

52 なぜDNA鑑定で個人を特定できるのか？

テレビや新聞で「DNA鑑定によって犯人が特定された」といったニュースを目にすることがある。DNAを鑑定するとなぜ「犯人」を特定できるのだろうか。

まず、生物は「アデニン」「グアニン」「シトシン」「チミン」という4種類の塩基からなるDNAを持っている。同じ生物種であれば塩基配列はほぼ同じ。人間が持つ塩基対の数は約30億個にもなるが、その塩基配列もほぼ同じだ。

ただし、人によってわずかに異なる。特に同じ塩基配列が繰り返し存在する「反復配列」を検査すると、その繰り返し回数が人によって異なる。塩基配列が異なれば「違う人物」となるし、反対に塩基配列が同じならば「同じ人物」と特定できる。

ただし、DNA鑑定で特定できるのは、AさんのDNAとBさんのDNAが「同じか違うか」ということだけ。あるDNAを鑑定しただけで、「このDNAの持ち主は○○氏だ」というように「人物を特定すること」はできない。だから、犯罪捜査などでＤＮＡ鑑定が利用されるときには、犯行現場に残された血液や毛髪（毛根付き）などから採取したＤＮＡと、容疑者の体から採取したＤＮＡの塩基配列が「同じか違うか」を鑑定している。一致すれば犯人の可能性が高くなる。ちなみに、一卵性双生児では塩基配列までもまったく同じになる。

なお、ＤＮＡ鑑定は親子関係を確認するのにも利用されている。人間のＤＮＡの塩基配列には、個人による特徴が表れやすいところが15カ所ほどある。そこを調べることで、父親と母親のそれぞれの塩基配列の特徴が、子どもの塩基配列の特徴と一致しているかを分析しているのだ。親子かどうかわかる確率は99％以上という。

ところでＤＮＡ鑑定の歴史は意外に浅く、犯罪捜査に初めて利用されたのは１９８６年のこと。イギリスでの女子高生連続殺人事件の捜査とされている。地域の住民数千人のＤＮＡを採取して分析したが、犯人は代役を立てて検査をすり抜け、後になって逮捕されたという。

53

ヒトゲノムって何？

37兆個ともいわれる人間の細胞の一つひとつに核があり、その中の染色体にDNAがある。DNAには、体の材料であるタンパク質の設計図が書き込まれており、その情報をもとに人間の体は構成される。

例えば、胃を構成する細胞では、DNAの中に胃を形作るタンパク質の設計図が書かれていて、その通りに胃が作られていく。同様に、心臓、肺、腎臓、手や足、頭など、各部分を構成する細胞の中のDNAにも、該当する部分を形作るタンパク質の設計図が書かれている。

ユニークなのは、どの細胞にも同じDNAがあるのに、役割を分担しながら、人間の体全体を形作っていくことだ。

この人間の体を構成するためのDNAの情報をヒトゲノムという。ゲノムとは遺伝情報のこと。つまり、DNAにあるすべての塩基配列だ。塩基とはDNAを記録する材料である。Ａ（アデニン）、Ｇ（グアニン）、Ｃ（シトシン）、Ｔ（チミン）という４つの塩基からＤＮＡは作られている。つまり、人間のＤＮＡにある４つの塩基の配列情報が、ヒトゲノムなのである。

ヒトゲノムが注目されるようになったのは、１９９１年にアメリカでヒトゲノムを解析する「ヒトゲノム計画」が動き出したことによる。これは２００３年４月に完成した。

ヒトゲノムの全貌がわかったことで、医療技術、医薬品開発、バイオテクノロジーなどの研究が発展すると期待されている。例えばオーダーメイド医療は、患者のＤＮＡ情報をもとに、最適な治療法を提供しようとするアプローチである。

その一方で、ヒトゲノムのうち、人間の体を作るための情報はわずか３％に過ぎず、残り97％を占めるのはジャンクＤＮＡであることも判明した。ジャンクＤＮＡについては、進化の過程で不要になったＤＮＡの名残りとされている。人間の体を作る以外の役割がある、成長過程の一時期だけに機能する、などのさまざまな説が挙げられているが、まだ解明はされていない。

54

DNAと遺伝子は何がどう違うの？

親と子で顔つきや体格が似ていると「遺伝だね」などといわれることがある。くせ毛や髪の色、瞳の色、声の質なども遺伝する。これらは、遺伝子の働きによるものだ。この遺伝子について、遺伝子とＤＮＡは「まったく同じもの」と考えている人も多いようだが、厳密には違うものだ。

ＤＮＡは、英語で書くと「Deoxyribo nucleic acid（デオキシリボ ヌクレオチド）」。ここからＤＮＡと略されている。日本語では「デオキシリボ核酸」という。デオキシリボースという物質を含む核酸という意味だ。

ＤＮＡは、糖であるデオキシリボースとリン酸、塩基が結合してできている。この塩基配列が遺伝情報として機能するが、じつはすべての塩基配列が遺伝情報となるのではない。ある塩基配列は「髪の色は黒」や「瞳の色はブルー」「二重まぶた」といった遺伝情報を持っているが、遺伝情報を持っていない塩基配列もある。

つまり、ＤＮＡには、その人を作る設計図のような遺伝情報を持っている部分と持っていない部分があり、そのうち、遺伝情報を持っている部分のことを「遺伝子」と呼んでいる。遺伝子をＤＮＡのある一部の領域と考えると、ＤＮＡを「遺伝子情報の本体」ということもある。

さて、人間のＤＮＡには約２万２０００個の遺伝子があるとされ、それ以外の大部分は「遺伝情報を持たない部分」だ。ただし、その部分が必要ないというわけではない。

前項でも説明したように、遺伝情報を持たない部分はジャンクＤＮＡなどと呼ばれることもあり、遺伝子としては扱われていない。しかし、将来研究が進み、何らかの遺伝に関係する役割が発見されれば、「遺伝子」として扱われる可能性もある。そのため、遺伝子以外の部分も含めて研究が進められている。

ちなみに遺伝子以外の部分を含め、ＤＮＡに含まれている情報をひっくるめたものがゲノムだ。ＤＮＡは物質だが、ゲノムは、ＤＮＡの中に組み込まれた情報のことを示している。

55

お腹がすくと、なぜ「グウッ」と鳴るのか？

お腹が減ると鳴る「グウッ」という音だが、これには「腹鳴《ふくめい》」という名前がある。この腹鳴は、お腹が減ったときにだけ鳴るものではない。食後、胃や腸に入っている食べ物と、飲み込んだ空気や体内のガス、消化液などが内臓の中を移動し、攪拌《かくはん》されることで、腹鳴が起こることもある。

それでは、なぜお腹の中が空になっている状態でも、「グウッ」という音が鳴るのだろうか。それは、胃や腸の収縮活動が空腹時でも行われているからだ。

空腹時には、胃や腸で「空腹期収縮」という活動が行われている。その際、胃は収縮によって内容物を腸へと送るのだが、中身が空っぽの場合、送るものは空気しかない。しかし、それでも収縮活動は行われるため、胃から腸へと空気が移動していく。この働きによって、空腹でも腹鳴が起こるというわけだ。

空腹時に起こる腹鳴には良い面もある。消化器官の強い収縮活動によって、胃や小腸に残っていた食べかすなどを空っぽにしていくという、「消化器官内の掃除」のような効果がある。そのため、腹鳴が起こってからすぐにものを食べて空腹期収縮を止めるのではなく、腸内の掃除が終わるまで待つというのも、腸内活動を整える上で効果的だという考え方もある。

また、お腹が鳴る理由としては、空気の吸いすぎということも考えられる。食事の際には食べ物だけでなく、空気も吸い込んでいるのだが、その量が多いと、胃腸にたまってしまい、腹鳴が起こりやすくなってしまうのだ。あまりにも空気を吸い込みすぎていると、「呑気症《どんきしょう》」と呼ばれる疾患を引き起こす可能性もある。呑気症の場合、胃に運ばれる過剰な空気によって、お腹が張ったり、胃痛をもたらす可能性がある。

このようなことを避けるためには、空気を吸い込みやすい早食いや、炭酸飲料の摂取を控えてみることが効果的といえる。また、緊張していると呼吸も落ち着かなくなるので、リラックスすることも大切だ。

56 サウナでダイエットするのは正しい？

サウナに入ると皮膚から大量の汗が出る。そのためか、サウナにはダイエット効果があるという声もよく耳にする。汗と一緒に老廃物が出ると考えられて、「デトックス効果」があるともいわれている。本当のところはどうなのだろうか。

汗の成分は99％が水である。残りは塩化ナトリウム（塩分）やカリウムなどのミネラルだ。サウナで大量に汗をかいた後に体重を測り、「痩せた！」と思っても、それは体から水分が出てしまい、一時的に体重が軽くなっただけと考えたほうがいいだろう。

つまり、「脂肪分を減らして体重を減らす」というダイエットの効果は期待できないのだ。同じ汗をかくのであれば、やはり運動で脂肪分を燃焼させるほうが、ずっとダイエット効果がある。

同様にデトックス効果もサウナにはあまり期待できないとされている。汗と一緒に、皮膚の表面にある古い細胞（いわゆる垢《あか》）が剥《は》がれることもあるが、体の内部にある老廃物を排出するわけではないと考えられている。

というのも、本来、人間の汗が持つ役割は、ダイエットでも老廃物の排出でもなく、体温調整だからだ。運動をしたときや気温が高いときなどに体温が上昇するが、皮膚の表面から水分を蒸発させることで、高くなった体温を下げるというのが、汗の役割なのだ。

我々は、流れ出した汗をタオルで拭くが、実は拭かずに皮膚の上で蒸発させるほうが体温を下げるためには望ましいといえる。ただし、汗をそのままにすると臭いの発生源となる。汗そのものは無臭に近いのだが、皮膚の上に生息する細菌が、汗に含まれるミネラルなどをエサとして分解することで、嫌な臭いを発生させる。その臭いを抑えるためには、タオルなどで拭くといい。

ちなみに汗を使って体温を調整する動物は珍しい。人間の身近にいるイヌは、舌で唾液を蒸発させることで体温を下げている。人間は全身の汗腺《かんせん》から汗を流すという温度調整機能を持つため、他の動物に比べて持久力に優れている。

57 薬をグレープフルーツジュースで飲んではいけないのはなぜ？

日本には古くから「合食禁《がっしょくきん》」というルールがある。いわゆる「食べ合わせ」だ。食べ物の組み合わせによって、胃が荒れたり中毒症状を引き起こしたりすることがないように、食べ合わせの決まりを示した民間伝承である。

合食禁には「ウナギと梅干」のような科学的根拠のないとされる俗説もあれば、「天ぷらとスイカ」のように胃が荒れやすいとされる食べ合わせもある。

それでは、現代の合食禁ともいえる「薬をグレープフルーツジュースで飲んではいけない」には、科学的根拠はあるのだろうか？　答えは薬やグレープフルーツの種類にもよるが、「おおむね事実」だ。

薬を服用すると、その成分は胃や小腸を経て肝臓に運ばれ、肝臓にある代謝酵素によって分解されてから血液によって体内を回る。薬はもともと、肝臓の代謝酵素で分解されること、つまり肝臓である程度「解毒」されることを前提に作られているのだ。

ところが、グレープフルーツで薬を飲むと、グレープフルーツに含まれている「フラノクマリン」という成分が肝臓の解毒作用を弱めてしまう。薬の成分が十分に分解されないままの状態で体内に運ばれてしまうことになり、結果として薬が効きすぎてしまったり、強い副作用が出てしまったりする可能性が高まってしまうのだ。

グレープフルーツジュースだけではなく、薬を服用するのに適さない飲み物は意外に多い。牛乳もそのうちの一つ。牛乳で薬を服用すると、カルシウムが薬の成分と結合してしまい、消化管から吸収されにくくなる。

さらに、牛乳には胃の成分を中性に変化させる作用がある。便秘薬などは酸性の胃では溶けずに「中性の腸内で溶ける」ように調合された薬だ。そうした薬を牛乳で飲むと、中性になった胃で溶けてしまうことになり、効き目が弱まってしまう。

こう考えていくと、薬を服用するときには、成分に影響を与えることのない水やぬるま湯で飲むのが良いとされている理由がわかるだろう。

58 認知症はどうして発症するのか？

厚生労働省によると、認知症とは「生後いったん正常に発達した種々の精神機能が慢性的に減退・消失することで、日常生活・社会生活を営めない状態」とされている。つまり、何らかの「後天的原因」により生じるものであり、知的障害などとは異なるのだ。

典型的な症状としては、「さっきのことを思い出せない」ことが目立つという。例えば、夫婦で話をしているときに電話が鳴ったとする。妻がその電話に出るためにほんの数分間、夫のそばを離れて応対し、その後に再び夫と会話をしようとしたら、「さっきの話の内容を思い出せない」といった症状だ。

このような認知症は、どのようなことが原因で起こるのだろうか。認知症の原因は特定されていないが、脳の血管障害やアルツハイマー病に起因することが多いとされている。脳血管性の認知症では、脳の血管が詰まり、脳の一部に血液が流れなくなる。その部分の脳の正常な働きが失われ、認知症を発症してしまう。

一方、アルツハイマー型の認知症は、脳にアミロイドβ《ベータ》などの特殊なタンパク質がたまることで、神経細胞が壊れて起こる認知症で、近年、最も患者数が多く、さらに増加傾向にあるとされている。

脳の血管障害やアルツハイマー病に起因する認知症だけでなく、ピック病とも呼ばれる「前頭側頭型認知症」もあるほか、うつ病やスピロヘータ、ＨＩＶウイルス、プリオンなどによる感染症が原因となるケースもある。ちなみにアルツハイマー型の認知症は女性に多く、脳血管性の認知症は男性に多いとされている。

なお、加齢の影響も忘れてはならない。厚生労働省も加齢を「認知症の最大の危険因子」としている。日本における認知症の患者数は２０１０年時点では２００万人程度とされていたが、２０１２年には約４６２万人に達したと推計された。高齢人口の増加でさらに患者数は増え続け、２０２５年には７００万人を超えるという。65歳以上の５人に１人が認知症になる計算だ。

59 CTとMRI、どちらがより精密な検査ができる?

CTとはX線検査の立体版で、検査部位を「輪切り」にするように撮影し、コンピュータで画像にする。MRIは磁気や電波を照射して体内の水素原子の状態を解析し画像にする。CTとMRIは使う技術が違うのだ。CTは骨など水分の少ない部位、MRIは脳や筋肉など水分の多い箇所の検査に適している。どちらがより精密に検査できるとは一概にはいえない。

60 痛み止めの薬は、どうやって痛みを止めているのか?

歯の治療後などに感じる痛みは、おもに痛みの原因物質「プロスタグランジン」が分泌されていることによる。プロスタグランジンは知覚神経を過敏にしたり、患部を発熱させたりする。痛み止めは、プロスタグランジンの分泌を抑制し、痛みを和らげる。麻酔薬のように神経を麻痺させるのではないので、痛み止めを飲んでいても手の甲などをつねると痛みを感じる。

61 マイコプラズマ肺炎は、これまでの肺炎と何がどう違う？

肺炎には細菌性肺炎やウイルス性肺炎があるが、マイコプラズマという微生物で発症するのがマイコプラズマ肺炎。ウイルスでも細菌でもなく、細菌性肺炎の特効薬は効かない。ただし、症状が比較的軽い場合もあり、感染しているのに気がつかずに出かけてしまう人もいて、感染が余計に拡大してしまうことがある。有効な抗生物質はあるが、予防接種のワクチンはまだない。

62 「天然水」と「ミネラルウォーター」はどこがどう違うのか？

水質が安定した水源からの地下水に沈殿や濾過《ろか》、加熱殺菌以外の物理的・化学的処理をしていないのがナチュラルウォーター。その中でもミネラルを含んだ地下水を原水としているのがナチュラルミネラルウォーターで、一般的に「天然水」と呼ばれる。

一方、ミネラルウォーターは、ナチュラルミネラルウォーターにオゾン殺菌やミネラル添加など化学的処理をしている。

63 緑茶はなぜ沸騰したお湯で淹れてはいけないの？

日本茶、とりわけ緑茶は香りや甘味、うま味（アミノ酸）を楽しめる。おいしく淹《い》れるには、甘味やうま味を多く溶出させることがポイントだ。そのお湯の温度が約60℃〜70℃。一方、緑茶には苦味成分のタンニンも含まれている。90℃以上のお湯で淹れると、タンニンが多く溶出し、お茶が苦くなってしまう。だから沸騰したお湯で淹れてはいけないのだ。

64 ビールや酎ハイなら、水と違って何杯も飲めるのはなぜ？

水も、ビールや酎ハイも、飲むとまずは胃に蓄えられる。ただし、水は胃ではなく、小腸や大腸で少しずつ吸収される。水は胃に長くとどまるから大量には飲めないのだ。

一方、ビールや酎ハイは胃でも吸収される。同時にアルコールがホルモンの分泌を促し、より多くのものを胃に蓄えることが可能になるという。アルコールには利尿効果があるためという説もある。

65 水耕栽培はなんで水だけで作物を育てられるの？

作物を育てるのに必要なのは水、酸素、光、そして「栄養素」だ。栄養素とは、おもに窒素、リン酸、カリ（カリウム）。土は必須ではなく、これらの栄養素を多く含むので作物育成に適していたのだ。水耕栽培では土ではなく水で作物を育てるが、水だけでは足りない栄養素、必要な栄養素については液体肥料で添加している。「水だけ」で作物を育てているのではないのだ。

66 電子レンジは、なぜ食べ物だけを温めることができるのか？

電子レンジには電磁波が使用されている。電磁波が食材に当たると食材の水分子が激しく動き、「摩擦熱」が発生する。食材が温まる原理だ。耐熱ガラスの容器などには水分が含まれていないので熱くならないが、木製や紙の容器など、食材の水分が染み込みやすいものは熱くなってしまう。アルミ箔や金属が使われた容器は電磁波が通電し「稲妻」が飛び散り危険だ。

第6章

海の塩分濃度はどんどん高くなっていかないのか？

～理科の先生も教えてくれない「地球・自然」の大疑問14

67 南極や北極の氷点下の海にすむ魚は、なぜ凍らない？………

動物には体温が一定の「恒温《こうおん》動物」と、気温や水温など周囲の温度によって体温が変化する「変温動物」がいる。人間など哺乳類や鳥類は恒温動物で、カエルなどの両生類、ヘビやトカゲなどの爬虫類、魚などは変温動物だ。

変温動物である魚の体温は、生息する海や川などの水温の影響を大きく受ける。水温が氷点下になれば、体温も下がる。通常、魚の血液の氷点はマイナス0・8〜0・9℃とされているので、日本の周囲を泳いでいる魚なら海水温がこのくらいにまで下がると凍ってしまう。

ところが、海水温がマイナス2〜3℃の南極や北極の海でも暮らしていける魚がいる。「ノトテニア亜目」の「コオリカマス」などが代表格だ。氷のように冷たい南極海にいるカマスに似た魚ということで、そう呼ばれている。こうした魚たちが海の中で凍らないのはなぜだろうか？

それは、体内に「不凍糖《ふとうとう》タンパク質」を持っているからだ。これは、体内の水分を「凍りにくくする物質」だ。魚に限らず哺乳類などの生物は、細胞の中に水分を蓄えている。温度が氷点下にまで下がると、その水分が少しずつ凍り始め「氷の結晶」ができる。氷は結晶同士がくっついて大きくなる性質があるため、最初は小さな結晶でも徐々に大きくなり、やがては細胞を破壊し死にいたる。

不凍糖タンパク質は、細胞の中にできたばかりの氷の結晶の表面を覆い、結晶同士がくっつくのを防ぐ。ごく小さい初期の段階の氷の結晶にくっついて、それ以上大きくなるのを防いでいるのだ。

ところで、北極や南極の魚は「凍らない」機能で極寒の海を生き抜いているが、海水温より高い体温を保つことで生き残っている魚もいる。マグロやサメなどだ。水温より5～15℃も体温が高いという。そのため筋肉が活発に動き、同サイズの他の魚よりも約2・7倍も速く泳げる。スピードを武器により多くのエサを捕食して生き残れるように、体温を高く保つ機能が備わったと考えられている。

68 海の塩分濃度はどんどん高くなっていかないのか?

海の水がしょっぱいのは塩分を含んでいるからである。海の成分の約3・5%が塩分だ。ちなみに一般的に味噌汁の塩分濃度は約1%、ラーメンのスープは1~2%弱。海水は意外に「塩分高め」なのだ。

さて、塩分とは塩化ナトリウムのこと。塩辛い海の水には大量の塩化ナトリウムが含まれていることになる。その理由を探ると、地球に海が誕生したときにまで遡《さかのぼ》る。できたばかりの地球には海がなく、ドロドロのマグマの塊だった。やがて地球が冷えて固まるにつれ、大気中の水蒸気も冷やされて水になり、雨として地表に落ちて溜まり始めた。それが海の誕生だ。

ところが、当時の大気の成分は、現在とは異なり、さまざまな物質が含まれていた。塩化水素など、塩素を含む物質もあった。塩化水素は酸性が強く、地表に降り注ぐとさまざまなものを溶かした。つまり、強力な酸性雨だったということ。結果、雨水が陸地の岩石に含まれていたナトリウムやカルシウム、マグネシウムなどの成分を溶かして海へと流した。その過程で、塩化水素の中の塩素と岩石から溶け出したナトリウムが結合して塩化ナトリウム、つまり「塩分」となったのだ。だから海の水はしょっぱいのだ。

そうなると、気になることがある。海の水が水蒸気となり、雨となって降り注ぐというサイクルが繰り返されると、陸地のナトリウムがどんどん溶け出し、海の塩分濃度はどんどん高くなってしまうのではないか？

答えは、そうはならないようだ。理由は、現在の大気には塩化水素がほとんど含まれていないから。雨になって地表に降り注いでも、陸地のナトリウムが大昔ほど大量に溶け出すことはない。つまり、塩分がどんどん増えてしまうということはないのだ。

しかし、最近では酸性雨の問題が指摘されている。強い酸性雨が降り続けば、徐々に海の塩分が濃くなるリスクもありうる。海の水がさらにしょっぱくなり、生物が暮らせなくなる可能性もゼロとはいえないのだ。

69 天気予報の「晴れ」と「曇り」の境目は?

よく晴れ渡った空のことを「雲ひとつない青空」などと表現する。そもそも「晴れ」と「曇り」は厳密にはどういった空模様のことを指しているのだろうか。

気象庁では、「晴れ」と「曇り」の境目を「空全体を雲が占める割合」、つまり「雲の量」で決めている。空全体のあちらこちらに点在している雲を一カ所に集めたとして、その雲の量が空全体のだいたい「何割を占めているか」で判断しているのだ。各地の気象台の職員が実際に空を目で見て、空全体に対する雲の量の割合を測って天気を決定しているという。

その基準に照らし合わせると、雲の量が空全体の8割くらいまでであれば、天気予報では「晴れ」だという。「雲がほとんどない状態こそ『晴れ』だ」と思い込んでいた人も多いだろうが、じつは、空全体の8割が雲に覆われていても「晴れ」だ。空を見上げて、けっこう雲が多いなという日でも「晴れ」なのだ。

この雲の量は、日本では0～10まで11段階に区分されている。雲の量が0～1割程度なら「快晴」だ。2～8割だと「晴れ」になり、9～10割が「曇り」になる。

さらに、「曇り」も「曇り」と「薄曇り」に区分されている。曇りの区分は、地上から空高いところまでを下層・中層・上層の3段階に分けて、どの階層の雲が多いかによって判断される。

雲の量が9割以上で、「地上から中・下層の雲が、上層の雲より多い場合」には「曇り」。「薄曇り」とは、雲の量が9割以上であり、「上層の雲が、中・下層の雲よりも多い場合」のことだ。上層の雲は薄いことが多く、その薄い雲を通じて太陽の陽射しが地上まで届くことが多いからだ。地上にモノの影ができるような陽射しの通りの良い状態であれば、「薄曇り」の日であっても天気予報では「晴れ」として発表することになっている。

ちなみに雲の量の区分は国際的には0～8までの9段階。11段階という細かさは、空模様の変化を繊細に感じ取る日本ならではの区分といえるのかもしれない。

70 「震度」と「マグニチュード」は何がどう違う?

地球内部には、膨大なエネルギーが存在している。そのエネルギーは、地下のマントルを対流させたり、地面の下にあるプレートを動かしたりしている。地震もまた、地球のエネルギーによって引き起こされる災害だ。この地震の大きさを示す単位に「震度」と「マグニチュード」がある。この2つの用語の違いを正確に理解しているだろうか。

地震には必ず震源地がある。地震の力は震源地で最も強い。そして震源地から離れるほど力は弱くなる。その震源地における地震のエネルギーの大きさを示すのが、マグニチュードだ。つまり、「地震の規模」を示している。地震そのもののパワーはマグニチュードによって表されているのだ。

さて、地震のパワーは震源地に近いほど大きくなるが、震度は場所によって違ってくる。震源地が遠い場所だったり、地下深くの場所だったりすると、地震の揺れは小さくなるのだ。場所ごとの地震の影響を示すのが震度である。

マグニチュードは最大12まで設定されているが、一つ数字が増えるごとに約32倍もエネルギーが強くなり、数字が２つ増えると約１０００倍になる。

じつは、マグニチュード10以上の地震は地球上では起こりえないといわれている。計算上はマグニチュード12まで設定されているが、それだけのエネルギーを「爆発させる」ほどの地震が起きたら、地球は「まっぷたつ」に割れてしまうという。ちなみに２０１１年の東日本大震災ではマグニチュード9だった。

ところで、地球は地震が多い星である。それは、地表がそれぞれプレートの上に乗って移動しているからだ。火星や金星も地球と同じタイプの星だが、プレートは存在しない。月にもプレートはないという。そのため地球のように頻繁な地震は発生しないと考えられている。プレートが動かないので古い地面が残る。月に昔のクレーターが残っているのも、古い大地が残っているのと、地震がめったに起こらないという理由による。

71 なぜ黒い雲と白い雲があるのか?

晴れた日の空に浮かぶ雲は白く見える。ところが「今にも雨が降り出しそう」というときの空には、黒い雲が重く垂れ込めていたりする。白い雲や黒い雲があるのは、なぜだろうか。

雲とは水蒸気の粒の塊である。もともとの色はない。ということは、「白く見えているだけ」ということになる。つまり、雲を構成する水蒸気の粒が、太陽の光をさまざまに反射しているために、遠くから見ると白く見えているのだ。太陽の光は、紫色、藍色、青色、緑色、黄色、橙色《だいだい》、赤色の大きく7色で構成されている。これらの光をすべて反射するモノは人間の目には白く見え、反対にすべてを吸収するモノは黒く見える。白い雲は、水蒸気の粒が太陽からの光をすべて反射しているのだ。

それでは黒い雲はすべての光を吸収しているのか、といえばそうではない。その雲が大きくて厚みがあり、何重にも重なっていることなどで、太陽の光が通り抜けるまでに弱められてしまっているのだ。「黒く見える」というよりは、いわば「暗く見えている」ということ。

例えば巨大な入道雲が浮かんでいるとき、その雲を遠くから見ると太陽の光が反射して白く見える。ところが、その雲の真下に行き、下から見上げると雲は空を覆うように真っ黒に見えるに違いない。太陽からの光が背の高い入道雲を通って、地上に到達するまでに弱められてしまうからだ。

一方、飛行機に乗って上空から下に浮かぶ雲を見ると、すべての雲は白く見える。これは、上から雲に当たっている太陽の光がすべて反射されているからだ。つまり、雲に白や黒といった色がついているのではなく、遠くから見るか、下から見上げるか、上から見るかといった雲を見る場所によって、色の見え方が違うということだ。

なお、「黒い雲が近づいて来ると雨になる」とよくいわれるのは、水蒸気を多く含んだ雲が何重にも重なり大きくなっていることに加え、その雲の下側付近にいることが多いからだ。

72 日本の冬の気圧配置は、なぜ「西高東低」になるのか？

冬になると、天気予報で「西高東低の気圧配置」という説明をよく耳にする。なぜ、冬になると「西高東低」になるのだろうか。

気圧とは空気の圧力で、単位は「ヘクトパスカル（hPa）」だ。高気圧や低気圧と表現するが、「〇〇ヘクトパスカル以上が高気圧で、それより低いと低気圧」といった区切りはじつはない。同じ気圧の地点を等圧線で結んだときに、周囲より気圧が高いエリアが高気圧、低いところが低気圧となる。

高気圧や低気圧が生まれる理由は気温と密接な関係がある。例えば赤道付近では太陽の熱で海面付近の空気が暖められる。暖かい空気は上昇し、上昇気流が生まれ、海面付近の空気の圧力は下がる。陸地でも同様のことが起こるが、これが低気圧の発生のメカニズムだ。

一方、海面や陸地が冷やされて付近の空気が冷たくなると上空の空気も冷やされ、重くなりどんどん下に集まってくる。下降気流が発生し気圧が高くなる。高気圧が生まれる理由だ。

冬には日本列島の西側にある中国大陸やシベリア付近の地表が放射冷却によって冷やされ、冷たい空気がどんどん下に集まってくる。シベリアなど真冬にはマイナス40℃くらいまで気温が下がるので、上空の空気も非常に冷たくなり下に集まる。これが日本列島の西側で高気圧が発生する理由だ。

そのときに、日本列島の東の海上ではどんなことが起きているか。赤道付近で暖められた空気と北極付近で冷やされた空気がぶつかり合っている。暖かい空気が上昇気流となって動くことで、低気圧が発生している。

ちなみに、西高東低の気圧配置になると日本海側では雪が降り、太平洋側では晴天が続く。中国大陸やシベリア付近の高気圧の下降気流によって押し出された空気が日本海を渡るときに水蒸気を含み、それが山々にぶつかって日本海側には雪や雨を降らせる。太平洋側には山々を乗り越えた「カラッ風」が渡ってくるので晴天が続くのだ。

73 日本を通過する台風、進路の右側が危険なのはなぜ?

毎年、夏から秋にかけて日本列島にやって来る台風。2016年には、観測史上初めて北海道に3つもの台風が上陸し、甚大な被害をもたらした。

日本列島を襲う台風では、進路の右側にあたる地域が特に「危険」とされている。それはなぜか? 北半球を進む台風が「反時計回り(左回り)に回転しているから」という説明はよく聞くが、それだけでは不十分だ。台風の北上と大きく関係している。

赤道付近で生まれた台風は、初めにアメリカ大陸側から吹く貿易風に乗り西に向かって移動する。夏前の台風は、そのまま中国大陸の方向に流されてしまうが、夏頃になるとフィリピンあたりで、太平洋高気圧から吹き出す風に押し上げられるように北上を始める。

このとき台風の周囲では、「南から北へと台風を動かす強い風」、そして、「台風

台風の右側が危険な理由

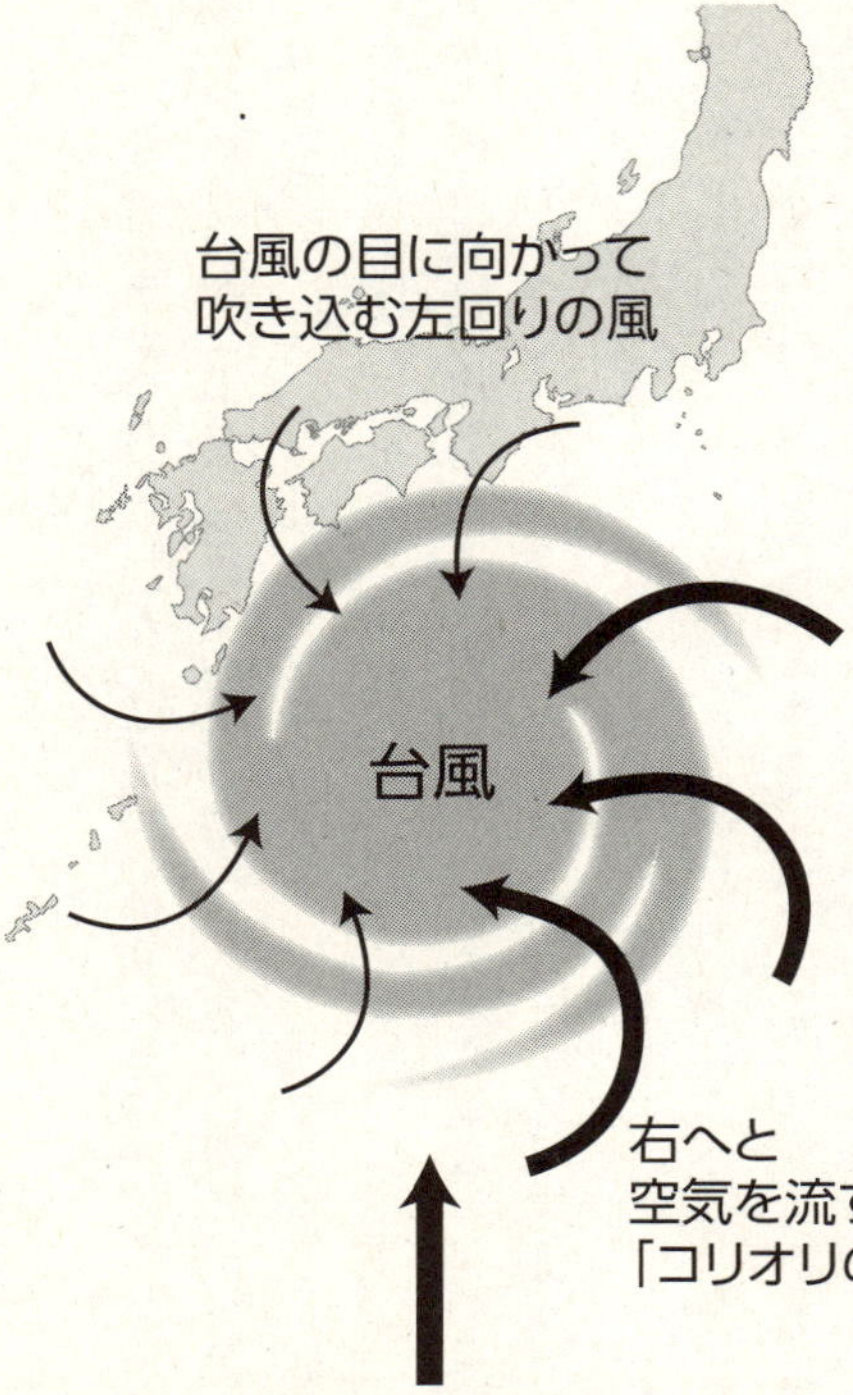

の目（中心）に向かって吹き込む左回りの風」が吹いている。この2つの風は、台風の進路の右側で重なる。そのために進路の右側を吹く風がさらに強さを増し、より大きな被害をもたらす危険性が高まるのだ。

ところで、北半球を進む台風は、なぜ「反時計回り」なのか。これは、台風の生い立ちと、地球の自転によって発生する「コリオリの力」に関係がある。台風は赤道付近の海水が暖められ、水蒸気となって上昇して小さな雲となることで生まれる。この雲が赤道付近を吹く風によって回転して「渦」となるのだ。

生まれたての台風は、周囲の湿った空気を巻き込みさらに大きな渦となるが、このときに「コリオリの力」が作用する。地球は北極点から見て反時計回りに自転しているため、北半球では常に東向き（右向き）の力が働いている。これが地球の自転によるコリオリの力だ。北上する台風の周囲にも、常に右へ右へと空気が流れていて、その空気が低気圧である台風の中心に吸い込まれていく。いわば、「右へ右へと逃げようとする空気が低気圧の中心に引きずり込まれる」ことで反時計回りの巨大な渦ができるのだ。

74 竜巻はどうして発生するのか？

日本で発生する竜巻は、年間で25件程度である。アメリカでは年間で１０００件を超える竜巻が発生し、大きな被害をもたらしており、毎年数十人の死者を出している。

竜巻とは、地面から上空に向けて吹き上がる激しい渦巻きのことだ。同じように強い風による被害をもたらす台風が日本列島を襲うときには、まず南の海上で発生し、その後、上陸した後は数日かけて東に向かうが、竜巻は数分から数十分程度だ。短時間で終わる。しかしその威力は凄まじく、建物を破壊したり、自動車などをひっくり返したりする。人間の住む一帯で発生すると、死者が出ることも珍しくはない。

海上で起こる竜巻は、海の水を巻き上げる。陸上で起こる竜巻は、土や砂塵《さじん》、ときには破壊された住宅なども巻き上げ、漏斗《ろうと》状の渦巻きの形が人間の目でもわかる。

竜巻が起こる原因は、発達した積乱雲だ。積乱雲の下の気圧が下がり、かつ周辺の気圧が高くなると、周辺の空気が気圧の低い中心に向かって急速に流れ込むようになる。その結果、中心では激しい上昇気流が発生して、竜巻を生み出すのである。

竜巻は、温度差や気圧差が大きくなると発生しやすくなるので、日本では南から暖かい空気を運んでくる台風が多くなる秋になると発生数が増える。

なお、強い積乱雲が生み出す気象現象は、竜巻だけではない。竜巻とは逆に積乱雲から地面に向けて強い風を叩きつける「ダウンバースト」、積乱雲の下の冷たい空気が数十キロにわたり周辺に広がる「ガストフロント」などもある。

いずれにせよ、それらの激しい気象現象は突然発生するもので、予測できるものではない。ただし、竜巻が起こるような気象が見られた場合は、気象庁から竜巻注意情報が発せられるので、外出は避けるなど注意するようにしよう。

なお、竜巻注意報には、名前に竜巻だけが挙げられているが、ダウンバーストやガストフロントの注意報も含まれている。

75 エルニーニョが起きると冷夏に、ラニーニャだと猛暑になる理由は？

南太平洋で日付変更線と赤道とが交わるあたりの海面水温が平年より高くなり、その状態が1年程度続く現象が「エルニーニョ（現象）」だ。スペイン語で「神の子」、つまりイエス・キリストの意味で、クリスマス頃に起きることが多く、そう呼ばれる。反対に平年より低い状態が1年程度続く現象は「ラニーニャ（現象）」だ。エルニーニョが発生すると日本は冷夏に、ラニーニャだと猛暑になるという。なぜだろうか。

赤道付近の海水の温度には、東から西に向かって吹く貿易風が影響する。通常は海面付近の暖かい海水が貿易風に押し流されて東から西に動き、インドネシア付近に集まる。代わって南米沿岸、ペルー沖の海域では海の下から冷たい水が上がってくる。赤道付近の海面温度はインドネシア付近が高く、ペルー沖が低くなるのが通常だ。

ところが、原因は明らかではないが、数年に一度、貿易風が弱まることがある。

すると、インドネシア付近に集まるはずの暖かい海水が東側に広がり、南米沿岸の海面温度を上昇させる。これがエルニーニョ現象だ。

通常の夏は、インドネシア付近に集まった暖かい海水で巨大な積乱雲と上昇気流が発生し、その上昇気流が太平洋上を西から東に吹く偏西風を北へと押し上げる。偏西風が北に押し上げられることで、その空いたスペースに太平洋高気圧が張り出し、日本は暑い夏を迎える。

しかし、エルニーニョになると、積乱雲と上昇気流の発生エリアがインドネシアよりも東に移ってしまう。日本の南の海上で偏西風が北に押し上げられることはなく、太平洋高気圧が張り出してくることもない。だから、日本では冷夏になるのだ。

反対に何らかの原因で貿易風が強くなると、インドネシア付近により多くの暖かい海水が集まる。これがラニーニャだ。インドネシア付近では積乱雲と上昇気流が発生し、偏西風を北に押し上げる。日本の南の海上で太平洋高気圧が発達しやすくなり、猛暑になることが多くなる。

エルニーニョで冷夏になる理由

通常の夏

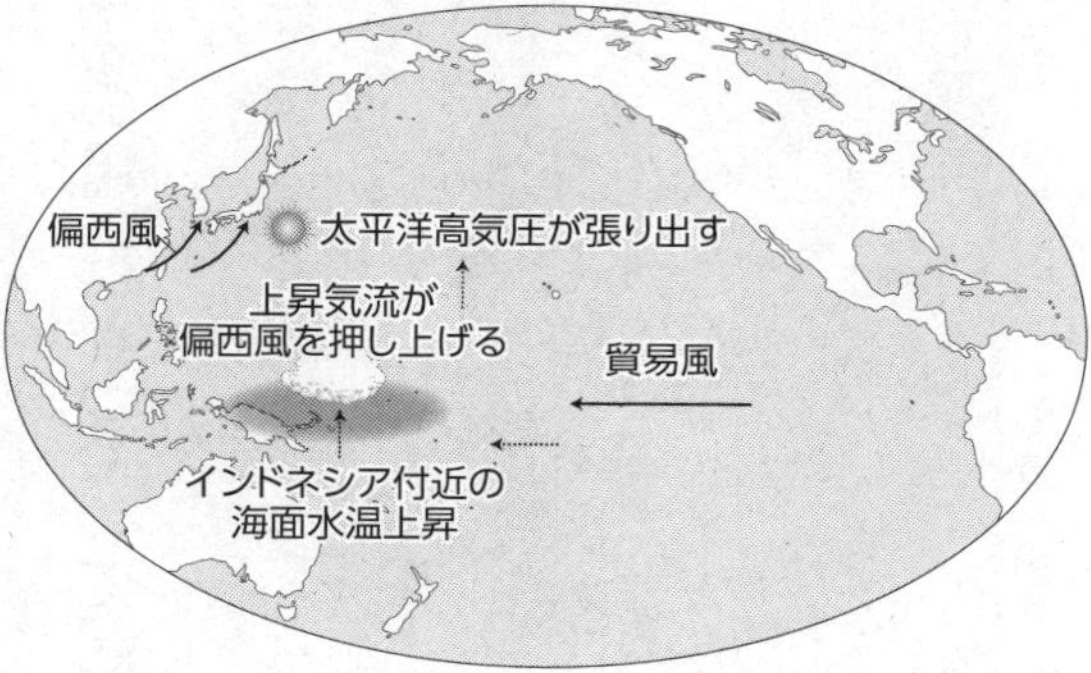

エルニーニョが発生した夏

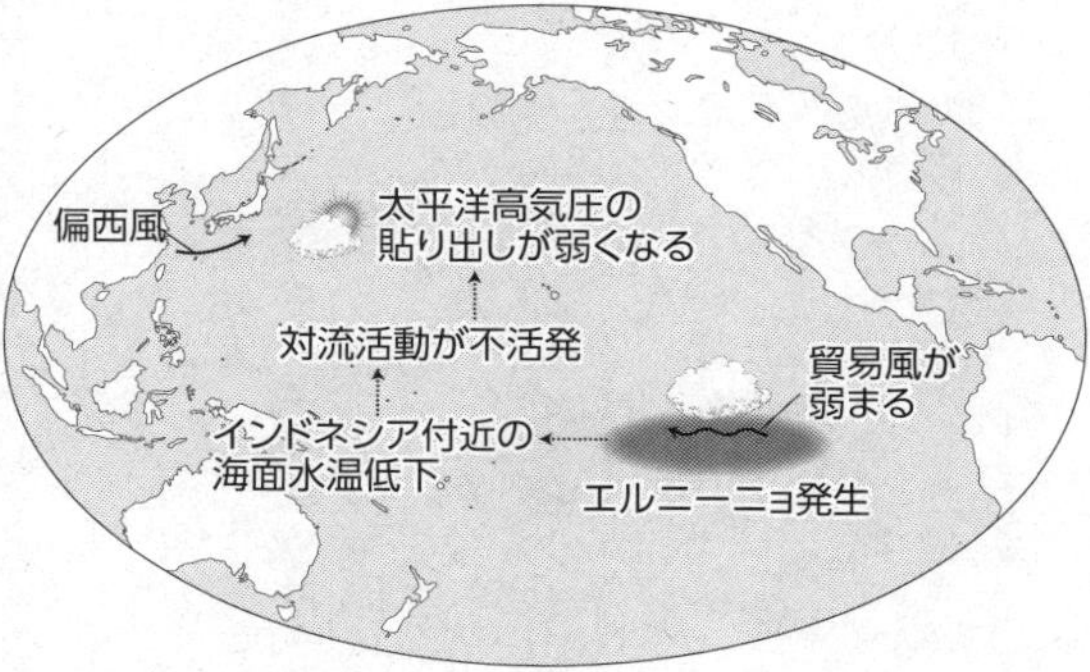

76 「最初の風」はどうやって起きる？

風は空気の流れである。空気の流れを起こすものには、「温度の差」「気圧の差」「地球の自転」などがある。

温度の差は空気の対流を生む。冷たい空気は下へ、暖かい空気は上に動く。太陽の光で地球は暖められるが、光は空気をほとんど素通りするので最初に温められるのは地面である。地面の温度は空気に伝わり、地面の近くの空気が暖められて上に上っていく。代わりに冷たい空気が下に降りてくる。こうして太陽の熱によって空気は対流を始める。

陸地と海でも空気の暖まり方は異なる。地面は熱を吸収しやすいため、暖まりやすいが、水は暖まりにくく冷えにくい。陸地の空気が熱せられて上昇すると、海上の冷たい空気が陸地に向かって流れ出す。海風だ。

また、気圧の差によっても空気は動く。気圧が高い、つまり空気の圧力が強いところには多くの空気が溜まっていることになる。逆に気圧が低いところは空気の量が少ないということ。だから、気圧が高いところから低いところへと空気は流れる。この気圧の差で起こるのが台風や竜巻だ。

地球の自転は、西から東に向かって吹く偏西風という風を生む。地球規模で見れば、赤道付近は太陽の熱を受け止めやすく、北極や南極に比べて温まりやすい。その結果、赤道近辺で暖められた空気は上空へ向かい、極方向へと向かう大きな風となる。さらに地球の自転によって西風となる。これが偏西風だ。

そのほかにも、例えば、高い山の上から岩が転げ落ちれば、その周辺の空気は動く。扇風機やエアコンなどでも空気は流れる。さまざまな要因で空気は動くのだ。

それでは、地球誕生後の最初の風はどうやって吹いたのか。一概にはいえないが、最初に地球の空気を動かした可能性のあるものを考えてみる。地球が誕生した後、大気が生まれ、海ができて、生命が発生した。その流れで考えれば、大気ができた段階で空気を動かす役割を果たせるのは、太陽からの光などによる「温度差による対流」と「地球の自転」となるだろう。

77 そもそも地球はなぜ丸いのか?

地球や太陽、月は球体だ。一方、太陽系の中を浮遊している小惑星は、長細かったり、ゴツゴツしていたり、さまざまな形をしている。

なぜ、惑星や恒星が球体なのだろうか? その理由は引力にある。例えば、太陽や木星、土星などは、おもにガスで構成されている。宇宙空間では、気体は引力(重力)の基点となる星の中心から、「等距離になるように」集まる。そのために球体になる。宇宙からの映像で宇宙船の中に浮かぶ水滴が、丸くなっているのを見たことはないだろうか。それと同じ現象だ。

ガスを主成分とする惑星が球体になることはわかるが、地球や火星などの岩石型の惑星が丸いのはなぜか。それは惑星となる過程に理由がある。誕生直後の地球は、ガスや岩石が集まった状態で、そこに他の小さな彗星などが衝突を繰り返し大きくなっていった。衝突を繰り返す過程で熱を発し、さらに大きくなると重力が増し、ガスや集まった岩石が押しつぶされて高温になった。地球は生成の過程で、いったんドロドロのマグマの塊、つまり、液体に近い状態になったのだ。そのため、星の中心から等距離になるように球体になっていった。その後、地球は冷えて固まり、今のような球体の岩石型惑星になったのである。

一方、小惑星などは、サイズが小さく引力も弱い。マグマの塊になるほどの熱を発することはない。だから凸凹《でこぼこ》の岩石のままの状態で宇宙を漂っているのである。

地球などの星は、じつは完全な球体ではない。星の自転によって、赤道近くに遠心力が働くからだ。地球は正確に測ると、赤道部分の半径は約6378キロメートルであるのに対し、北極と南極の方向の半径は約6357キロメートルと、約21キロメートル短い。遠心力によって、赤道部分が膨らんでしまうからである。さらに地球の大地は動くプレートの上にあるため、大陸は移動してぶつかり合ってエベレストのような高い山ができるなど、凹凸《おうとつ》が生まれている。

78 地球はどれくらいの速度で動いているのか？

地球は自転しながら太陽の周りを公転している。今でこそ誰もが知る当たり前のことだが、歴史上、それを最初に唱えたのは、ポーランドの天文学者ニコラウス・コペルニクスだ。１５１０年頃のこととされている。一方、地球が自転していることを実験で初めて証明したのは、フランスの物理学者レオン・フーコーだ。１８５２年にパリのパンテオン大会堂をナポレオン３世から借りて、有名な振り子の実験をした。

さて、地球は自転しながら公転しているが、いったいどのくらいの速度で動いているのだろうか。まずは自転の速度だ。自転にかかる時間は23時間56分とちょっと。地球の赤道での円周は約４万75キロメートルなので、時速約１６７０キロ、秒速約４６０メートルで回転している。新幹線の最高速度がだいたい時速３００～３２０キロなので、その５～６倍も速く、ジェット旅客機が時速約１０００キロだからそれよりも速い。音速が時速1225キロなので、地球はじつは超音速で回転しているのだ。ただし、これは赤道付近の速度のこと。緯度によって速度は変わる。日本がある北緯35度付近の自転速度は、時速約1400キロ。それでも超音速だ。

一方、公転速度も相当に速い。地球は太陽の周りを楕円軌道で回っているが、仮に単純な円軌道とすると、9億4200万キロメートルの円周上を動いていることになる。1周するのに365日かかるので、時速約10万8000キロ、秒速にして約30キロにもなる。ロケットやスペースシャトルが秒速約8～10キロとされているので、地球はそれよりも高速で移動しているのだ。

これだけ高速で移動しているのにその速さを感じないのは、人間が地球上にいるからだ。新幹線に乗っているときに時速320キロを感じないのと同じ。新幹線の外に出てホームから通過する新幹線を見ると、その速さに驚く。つまり、地球の外から眺めない限り、自転や公転の速さを感じることはできないのだ。

79 地球上に人間は何人まで暮らせるのだろうか?

日本が少子高齢化問題に悩む一方で、世界では人口増加に苦しんでいる。国連によると、世界の人口はすでに2011年には70億人を突破していたそうで、2050年に90億人、21世紀中には100億人を超えるという。

このまま人口が爆発的に増加するとしても、地球が有限である以上、いずれは限界にぶつかるはずだ。では、その限界とはいったい何人か?

それを考える指標となるのは食料問題だ。現在の人口を支えるために、膨大な食料が生産されている。全世界で飼育されている家畜は、2013年のデータによると牛が約14億7000万頭、豚は9億8000万頭。コメの生産量は7億4000万トン、小麦は7億1600万トンだ。鶏や魚、とうもろこしやじゃがいもなど、他にも数多くの食料があるが、とにかく、70億人の人口を支えるために、これだけの食料を生産する必要があるのだ。それが90億人、100億人となると、さらに増産が必要だ。

穀物は天候に左右される。水の確保も大きな問題になる。ただし、穀物も品種改良が進めば、天候が悪くても生産量を増産できるようになるかもしれない。

また、食料問題を解決する糸口として「昆虫食」も注目されている。昆虫食は意外にポピュラーで、国際連合食料農業機関によると、すでにアジア・アフリカを中心に20億人が１９００種以上の昆虫を食べているという。日本でもハチノコやカイコ、カミキリムシの幼虫などが現在でも食べ続けられている。また、火星や月で食料を生産するのに、昆虫を育てることが現実的な選択肢として考えられているという。

このように「比較的簡単に育てられる」食料が増えてくれば、人口の爆発的な増加にも耐えられるかもしれない。しかし、食料問題が解消されたからといって、人口がどこまでも増え続けたら地球は悲鳴をあげるだろう。何人まで暮らせるのか？には明確な答えはないが、一説によれば「80億人」という試算もある。

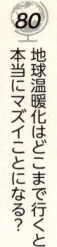

80 地球温暖化はどこまで行くと本当にマズイことになる？

地球温暖化が、世界各国で大きな問題となっている。20世紀に入り地球の平均気温は上昇し、1906年～2005年の100年間で平均0・74℃（誤差は±0・18℃）上昇したとのデータがある。20世紀後半の25年間に限ると平均気温の上昇ペースは2倍になっている。ただし、地球の平均気温が何度から何度に上がったのか、じつは具体的な数字は示されてはいない。そんなこともあってか、地球温暖化についてピンとこない人も多いのではないだろうか。

地球温暖化の正確な状況を記すことは難しいが、例えば、東京の平均気温の推移を振り返ってみる。2016年は平均16・4℃で、50年前の1966年は15・5度、100年前は14・5℃だった。たしかに暖かくなっていると感じる。ちなみに、鹿児島の平均気温は1915年が15・5度、1916年が17・4℃、1917年が16・1℃だった。年によって猛暑や冷夏があるし、地球温暖化の影響ともいい切れないが、現在の東京の平均気温が約１００年前の「鹿児島の平均気温より高い」という事実には驚く。

全国地球温暖化防止活動推進センターの予測によると、今世紀末の２１００年までには地球の平均気温は最大４・８度も上昇するという。つまり、これからの約１００年はかつてないほどの急激なペースで気温が上昇していくと考えられる。地球温暖化は「本当にマズイ状態」になりつつある。

もし、このまま地球温暖化が進行したらどうなるのか。その答えは隣の惑星・金星にある。太陽に近い金星は、表面温度が約５００℃にもなる。当初、太陽に近いから高温だと考えられていたが、金星は厚い雲に覆われている。太陽からのエネルギーの大半をその雲が反射し、地表に届くエネルギーはわずかだ。それでは、なぜ灼熱なのか。理由は二酸化炭素による温室効果だったのである。

地球温暖化がこのままのペースで進めば、地球もやがては生命が存在できない灼熱地獄になってしまうかもしれない。

第7章

オートファジー・青色発光ダイオード・iPS細胞…は何がどうすごいの？

～知ってるだけで鼻が高くなる「最先端科学」の大疑問10＋10

81 ノーベル賞の「オートファジー」の解明、何がすごいのか？

2016年のノーベル生理学・医学賞で話題となった「オートファジー」。そのメカニズムを発見した功績で、東京工業大学の大隅良典栄誉教授が受賞した。

オートファジーとは、ギリシャ語に由来し、「自ら（Auto＝オート）」を「食べる（Phagy＝ファジー）」という意味だ。細胞が不要なものを自ら「食べて」分解し、再利用する働きのことだ。

例えば、人間が1日絶食すると、肝臓の体積は約30％減り、7割程度になってしまうという。絶食によって栄養を吸収できない間、肝臓の中では生命を維持するためのオートファジーが活発に行われている。使われなくなったタンパク質や細胞小器官を細胞自らが食べて、生きていくのに必要なアミノ酸などに分解して再利用しているのだ。数日間食べなくても人間がすぐに死なないのはこのためだ。

オートファジーの仕組みを簡単に記すと、細胞の中に脂質でできた袋が現れて、その袋の中に不要なタンパク質や細胞小器官が丸ごと放り込まれるイメージだ。細胞の中に使われなくなったタンパク質など「不用品」が溜まると、病気の原因になるともいわれている。その不用品を、部屋の掃除をするかのように、袋の中に放り込み、アミノ酸など新たな栄養素に分解して再利用する。これがオートファジーの仕組みだ。

オートファジーの現象そのものは、じつは１９５０年代から知られていたが、メカニズムは解明されていなかった。大隅教授は１９８０年代後半から酵母を使った研究に取り組み、１９９０年代初めにオートファジーに関係するいくつもの遺伝子を発見した。それらの遺伝子の働きを明らかにしてきた功績でノーベル生理学・医学賞を受賞した。

オートファジーのメカニズムの解明は、いわば根本的な細胞の機能の解明だ。その機能が解明されたことで、ガン細胞の抑制、体に取り込まれてしまった病原体に抵抗する機能など、さまざまな生理機能の研究が今後、さらに進むと期待されている。

82

青色LEDは、なぜ「青色」だけ難しかった？

２０１４年のノーベル物理学賞で話題となった「青色ＬＥＤ」。少ない電力で明るい青色の光を放ち、クリスマスのイルミネーションや大型ディスプレイなどに利用されている。ノーベル賞を受賞したのは、名城大学の赤崎勇教授、名古屋大学の天野浩教授、カリフォルニア大学の中村修二教授の３人だ。

ＬＥＤには赤色や緑色があるが、なぜ青色だけ開発が難しかったのだろうか。たしかに、１９６０年代には赤色ＬＥＤと緑色ＬＥＤが開発されたが、青色ＬＥＤが開発されたのはもっと後だ。１９８５年に赤崎勇教授と天野浩教授が「窒化《ちっか》ガリウム」という化合物の単結晶化に成功し、１９９３年に中村修二教授が量産化技術を確立した。

時間がかかった理由は、窒化ガリウムの単結晶を大きくすることが難しかったからだ。単結晶を大きくできないということは、明るい青色を発するだけの大きな素子を作れないということ。実用化には至らない。

なぜ、大きな単結晶ができなかったのか。窒化ガリウムの単結晶を作るには、まず、他の材料で「基板となる半導体結晶」を準備する。その上に窒化ガリウムのガスを吹き付けて、基板を大きく成長させながら、一緒に窒化ガリウムも成長させていくイメージだ。

ポイントとなるのは窒化ガリウムの「原子の間隔」だ。窒化ガリウムの原子の間隔と基板となる結晶の原子の間隔が同じくらいだと、一緒に成長しやすく大きな結晶を作れるのだが、間隔が同じくらいの基板が見つからなかったのだ。

そこで、基板の上に直接、窒化ガリウムを吹き付けるのではなく、「薄い柔らかな膜」のような層を作り、その上に窒化ガリウムを吹き付けるようにした。そうすることで、大きな結晶を作ることに成功したのだ。

青色ＬＥＤの実用化で青・赤・緑の光の3原色が揃い、すべての色を表示できるようになった。ＬＥＤは電気をそのまま光に変えるためにエネルギー損失が少なく、環境にも優しい。ますます普及していくと考えられている。

83 「重力波」が発見されたことの何が画期的なのか？

２０１６年２月、全米科学財団と国際研究チームはアメリカの重力波望遠鏡「ＬＩＧＯ（ライゴ）」を用いて、２つのブラックホールの合体によって発せられた重力波の検出に成功したと発表した。重力波の存在は、１９１６年にアインシュタインが発表した一般相対性理論の中で予言されていた。予言から１００年後に、その存在が証明されたのだ。

重力波とは、「時間と空間のゆがみ」が「光速で波のように伝わる」現象だ。「時空のさざ波」ともいわれている。水の表面に小石を落とすと波紋が広がる。音も空気の振動となって伝わる。しかし、重力波は空間を伝わるのではなく、「時間と空間そのものが波打つ（ゆがむ）」のだ。

理屈としては、こうだ。質量のあるモノが存在すると、それだけで時間と空間には「ゆがみ」が生まれるということ。モノが動くと、ゆがみが広がり、光の速さで伝播していく。それが重力波だ。イメージとしては、平らに張った布にボールを落とすようなもの。布はボールの重みで沈み込み、ボールが動くと布は波打つ。布を時空と考えると、ボールの重みによる沈み込みが時空のゆがみで、布が波打つ現象が重力波だ。

質量のあるモノが動けば重力波が発生することになるので、人間が存在するだけでも、じつは時間と空間には、わずかだがゆがみが生まれている。つまり、人間が存在し動いているだけでも重力波が発生し、光速で伝播しているのだ。しかし、人間から発せられる重力波はあまりにも弱い。だから、感じないし、計測もされなかったのだ。

そうなると重力波を計測するには、巨大な質量を持つモノが存在しなくてはならない。検出に成功した重力波は、地球から約13億光年の彼方で２つのブラックホールが衝突したときに発生している。ブラックホールの質量は太陽の36倍と29倍という巨大さだった。

重力波は時空のゆがみとなって伝播するので、地球に到達するとモノとモノとの距離をごくわずかだが変化させる。重力波望遠鏡「ＬＩＧＯ」では、２つの鏡を４

キロメートル離れたところに設置し、その間にレーザー光線を何度も往復させ、その到達時間を計測していた。もし、重力波で時空がゆがめば、2つの鏡の間の距離にわずかでも変化が起きる。レーザー光の到達時間もズレる。結果は「陽子の直径の1万分の1程度の変化」を計測することに成功した。

さて、重力波が検出されると何が変わるのだろうか。重力波は透過性が高く、何ものにも遮られることなく伝播する。宇宙の誕生直後に発生した重力波を計測できれば、ビッグバンの様子に迫ることができる。

また、宇宙は生まれたての頃はバクテリア程度の大きさで、それが一瞬にして銀河の大きさにまで拡大したとされている。いわゆる「インフレーション」と呼ばれる現象だ。インフレーションのときの時空のゆがみは今も続いているとされ、重力波の観測によってインフレーションの様子が詳細に解明されるかもしれないと期待されている。

84 宇宙空間でアミノ酸が発見されたことの意味は？

２０１４年9月、日本の国立天文台の研究チームが宇宙科学の歴史に残る大発見をした。

宇宙空間に「アミノ酸」のもとになる物質が存在しているのを見つけ出したのだ。正確には、国立天文台野辺山観測所にある口径45メートルの大型電波望遠鏡を使い、宇宙空間でアミノ酸が作られていることを観測によって世界で初めて明らかにした。

この発見のどこがすごいのだろうか。アミノ酸といえばピンとくるのは「うま味成分」だが、これはグルタミン酸と呼ばれるアミノ酸。アミノ酸はグルタミン酸をはじめ約５００種類もあるが、そのうち20種類には極めて重要な役割がある。地球上の生命を形成する材料としての働きだ。宇宙空間にアミノ酸のもとになる物質の存在を確認したということは、地球以外の惑星にも生命が存在する可能性が高まったということだ。

じつは、これまでにも地球に落ちてきた隕石などからアミノ酸の存在は確認されていた。2016年5月にもヨーロッパ宇宙機関が彗星探査機「ロゼッタ」が取得したチュリュモフ・ゲラシメンコ彗星のデータからは、アミノ酸の一種であるグリシンが見つかっている。

ところが、日本の国立天文台のグループが発見したのは、彗星や隕石の中のアミノ酸ではなく、「宇宙空間に存在している」アミノ酸だ。厳密には「星が誕生している近くの宇宙空間」に存在しているアミノ酸。生命の起源については諸説あるが、彗星や隕石に取り込まれたアミノ酸が惑星に運ばれ、複雑な化学反応を経てタンパク質を合成し、やがて生命となったとする説がある。この説を考えたとき、これまでに彗星や隕石に取り込まれたアミノ酸は発見されていたが、そのアミノ酸がどこで誕生したのかはわかっていなかった。

今回の発見によって、生命の起源となりえるアミノ酸が「宇宙空間で作られている」可能性が高まった。地球以外の星にも生命が存在する期待が高まった。地球は「孤独な星」ではないのかもしれない。

85 ハッブル宇宙望遠鏡は何がどう優れているのか？

天体観測には、宇宙からの光を巨大な凹面鏡で集めて観測する「反射望遠鏡」と、電波を集めて観測する「電波望遠鏡」がおもに利用されている。反射望遠鏡で世界最大のものはハワイ島のマウナケア山頂に設置された「ケック望遠鏡」で凹面鏡の口径は10メートル。ただし、これは直径1・8メートルの鏡を組み合わせたものだ。1枚の凹面鏡を用いた反射望遠鏡では、日本のすばる望遠鏡が口径8・2メートルで世界最大だ。

一方、電波望遠鏡では2016年9月から観測を開始した中国・貴州にあるFASTが世界最大級で口径500メートルにも達する。しかし、いかに望遠鏡のサイズを大きくしても、地上にあるかぎり大気や天候の影響を受けてしまう。そこで、地球の大気圏の外に望遠鏡を設置しようと作られたのが「ハッブル宇宙望遠鏡」だ。

1990年にスペースシャトル・ディスカバリー号で打ち上げられ、地表から約

600キロメートルの地球周回軌道上に設置された。口径2・4メートルの凹面鏡を備えた反射望遠鏡で、本体の長さは13・1メートル、重さは11トン。宇宙空間に浮かぶ天文台だ。

ハッブル宇宙望遠鏡によって1998年5月には地球から約1000万光年離れた巨大な銀河「ケンタウルスA」が撮影され、太陽の10億倍もの質量を持つブラックホールが他の銀河を吸い込む様子が捉えられた。宇宙の年齢がおよそ120億〜140億年近いことや太陽系外惑星の大気中にも酸素と炭素があることも明らかになった他、ダークマターの解明の手がかりとなる超新星爆発の様子も撮影された。2016年9月には、木星の衛星「エウロパ」から水蒸気と思われる物質が噴出している様子が捉えられ、エウロパに海があり生命が存在する可能性も示唆された。

なお、ハッブル宇宙望遠鏡は当初、運用期間15年とされていたが、25年以上が経過した現在でも立派に稼働している。寿命の長さもすごいところ。後継機は2018年に打ち上げ予定だ。

86 「iPS細胞」とは何か？

人間の体のさまざまな組織に成長でき、再生医療の切り札として注目されている「iPS細胞」。英語では「induced pluripotent stem cell」と表記する。日本語では「人工多能性幹細胞」。名付け親は、京都大学の山中伸弥教授だ。２００６年に世界で初めてiPS細胞の作製に成功し、そうした成果が認められて２０１２年にはノーベル生理学・医学賞を受賞した。

iPS細胞がなぜ注目されているのか。それは、この細胞が「体のすべての細胞に変化できる細胞」だからだ。通常、人間の体の細胞は、肝臓の細胞であれば肝臓にしかなれない。ところが、人間の皮膚などの細胞に、ある遺伝子を加えて培養すると、さまざまな組織や臓器の細胞に「分化する能力」と「ほぼ無限に増殖する能力」を持つ多能性幹細胞に変化する。こうして作られた多能性幹細胞が人工多能性幹細胞、つまりiPS細胞だ。

山中伸弥教授らの研究グループは、さまざまな遺伝子の中から特徴的な働きをする複数の遺伝子を見出し、それらを用いて細胞をｉＰＳ細胞に変化させることに成功した。この作製技術は再現性が高く、比較的容易に取り組めるという特徴がある。そのため、ｉＰＳ細胞の再生医療への応用に一気に弾みがついた。

さて、ｉＰＳ細胞はどんな細胞にも変化できるので、例えば臓器の病気で移植が必要となった場合でも、ｉＰＳ細胞を移植することで臓器を再生できる可能性が高い。また、ｉＰＳ細胞は皮膚や血液など自身の細胞から作られるので、移植した場合でも拒絶反応が起こらないと考えられている。さらに、皮膚や血液など採取しやすい細胞を使って作れるので、細胞を取り出すのに手術をするといった手間もかからない。

現在、ｉＰＳ細胞を用いた再生医療の研究が進められており、２０１３年には人間での安全性を確かめる研究も開始された。理論上では体を構成する細胞であればどんな細胞にも変化できるので、ｉＰＳ細胞を用いて立体的な臓器を作る研究も進められている。すでに、小さな肝臓などを作ったという報告もある。ただし、人間のサイズに合って、人間の体内で機能するような大きく立体的な臓器はまだできていないという。

現時点での課題は費用がかかることと、ｉＰＳ細胞の培養に1カ月程度の時間がかかるため、事故などで緊急の手当てが必要なケースでは間に合わないということ。

また、脳が損傷した場合など、たとえ再生できたとしても、記憶を司る神経の働きまで再生できるかは未知数と考えられている。というのも、神経科学の分野でも記憶の形成には、まだ解明されていない謎の部分があるからだ。

なお、最近ではｉＰＳ細胞を使ってガン細胞を攻撃する能力の高い免疫細胞である「キラーT細胞」を作製することに、京都大学のグループが成功している。将来的に血液のガンである白血病の治療などへの応用が期待されている。

87 かつてノーベル賞で話題になった「ニュートリノ」とは？

宇宙空間や地球上に存在する物質をどんどん細かくしていき、「これ以上、細かくすると物質の性質を示せなくなる」という単位が「分子」だ。分子をさらに細かくすると原子になる。例えば水の分子は、2つの水素原子と1つの酸素原子で構成されているが、水素原子や酸素原子にまで細かく分けてしまうと、水としての性質はなくなってしまう。原子が結びついた分子の状態でないと、水の性質も発揮できないというわけだ。

それでは、物質を構成する最小単位は原子かというと、そうではない。原子は原子核とその周りを飛び回る電子で構成されている。原子核は陽子と中性子からなり、以前には「電子・陽子・中性子」の3点セットが物質を構成する最小単位と考えられた。

ところが、さらに研究が進むうち、陽子と中性子も、さらに小さな粒子（素粒子）

からできていることがわかった。それが「クォーク」である。現在、確認されているクォークは6種類あり、それらを「クォーク族」という。

一方、電子も「ミューオン」や「タウ」「ニュートリノ」など6種類の素粒子とともに「レプトン」というグループを作っていることがわかった。つまり、物質をどこまでも細かくしていくと、「クォーク族」と「レプトン族」の素粒子に大別でき、レプトン族に属している素粒子の一つがニュートリノだ。

ニュートリノの特徴は「電気を帯びていない」こと。電気を帯びていないので他の粒子と結びつくことはない。ニュートリノは超新星爆発などによって大量に宇宙空間に放出されるが、何ものとも結びつかず、すべてのものを通り抜け、宇宙空間を飛び続ける。太陽からも放出されているが、そのまままっすぐ飛び続け、地球にも大量に降り注いでいる。人間にも降り注ぎ、観測では体の中を1平方センチあたり毎秒660億個も通り抜けているという。

ニュートリノ以外の素粒子は、飛んでいる途中で電気や物質の影響を受け進路が変わってしまうが、ニュートリノは宇宙の彼方からもまっすぐに進んでくるため、元をたどっていけば宇宙が誕生した頃の様子を知ることができる。宇宙の始まりとされるビックバンのときのニュートリノも宇宙空間には大量に残っているとされ、計算によると、広い宇宙のどこを取っても1立方センチあたり300個のニュートリノが存在しているという。つまり、ニュートリノはビッグバンの頃の情報をそのまま保っていると考えられ、宇宙の起源を深く解明する手がかりとなるとも期待されているのだ。

なお、東京大学の小柴昌俊名誉教授は、2002年にニュートリノの観測でノーベル物理学賞を受賞し、2015年にはニュートリノに質量があることを発見した東京大学の梶田隆章教授が、同じくノーベル物理学賞を受賞している。

ちなみにニュートリノという名称は、電気を帯びていない「中性＝ニュートラル」とイタリア語の「小さい＝イノ」からきている。

素粒子の分類

クォーク族	u アップ	c チャーム	t トップ
	d ダウン	s ストレンジ	b ボトム
レプトン族	e 電子	μ ミューオン	τ タウ
	ν_e 電子ニュートリノ	ν_μ ミューニュートリノ	ν_τ タウニュートリノ

物質を構成する粒子はクォークとレプトンがあり、クォークはアップ (u)、ダウン (d)、チャーム (c)、ストレンジ (s)、トップ (t)、ボトム (b) の 6 種類。レプトンは電子、ミューオン、タウ、電子ニュートリノ、ミューニュートリノ、タウニュートリノの 6 種類がある。

88 原子力とはそもそも何なのか？

地球や宇宙に存在している物質は、すべて何らかの原子からできている。原子の中心にはプラスの電荷を持った原子核があり、その周りをマイナスの電荷を持った電子が飛び回っている。原子の大きさは、だいたい1センチの1億分の1とされ、原子の中心にある原子核は1センチの1兆分の1の大きさだ。

さて、原子力とは、これほどに小さな原子の中核をなす原子核によってもたらされる力である。原子核は、陽子や中性子、または他の原子核と衝突すると分裂するなど、さまざまな反応を示す。これらの現象が核反応で、核分裂や核融合も核反応の一種だ。

原子の中でもウランは核分裂を起こしやすい。ウランに中性子が衝突すると、ほぼ2つ、まれには3つ以上の原子核に分裂し大きな熱エネルギーが生じる。これが「原子力」だ。1回の核分裂でおよそ「2億電子ボルト程度」のエネルギーが放出されるという。ピンとこないだろうが、例えば１グラムのウランが核分裂で放出するエネルギーは、同じ１グラムの石油や石炭の燃焼で得られるエネルギーの約３００万倍にもなるという。

この膨大なエネルギーを利用しているのが原子力発電だ。ウランには核分裂を起こしやすい「ウラン２３５」と核分裂しにくい「ウラン２３８」があるが、原子力発電の燃料には両方が用いられる。核分裂しやすいウラン２３５に中性子が衝突すると２個または３個程度の中性子が放出され、それらの中性子がウラン２３８に衝突するとプルトニウムが生まれる。このプルトニウムは核分裂を起こしやすいので、中性子の衝突で核分裂を起こし、さらに中性子を放出して次々に核分裂を引き起こしていく。核分裂の連鎖によって膨大なエネルギーが生み出されるのだ。

原子力発電は、水の入った原子炉の中で核分裂を起こし、発生した熱を利用して蒸気を作り、タービンを回して電気を作っている。なお、原子力発電で放射能が問題となるのは、プルトニウムが放射線を発するからだ。

89 シェールガスやシェールオイルはエネルギー問題を解決するか？

石油は有限な資源だ。ところがその「可採年数」は、じつは時代を追うごとに延びている。１９８７年には「あと41・3年で枯渇」とされていたが、２０１４年には「あと52・5年は持つ」とされた。この背景には、石油の探査技術と採掘技術の進歩がある。技術進歩で採掘可能となり、注目されているのがシェールガスとシェールオイルだ。

プランクトンや藻類《そうるい》などの有機物がバクテリアによって分解され、地熱や圧力で化学変化するとガス分や油分になる。それが頁岩《けつがん》（シェール）という硬い岩の層に閉じ込められていたのがシェールガス、シェールオイルだ。以前からシェール層には石油や天然ガスがあることは知られていたが、採掘にコストがかかりすぎることで実用化されてこなかったのだ。

ところが、２００６年以降、アメリカが地下２０００メートルより深くのシェール層を掘削し始めたことで状況が一変した。この技術は先端にセンサーをつけたドリルで、まずは垂直に数千メートルを掘り進め、シェール層に到達したら水平方向に数千メートルほど掘り進む。水平掘削でできた横穴に大量の水を流し、高い水圧をかけてシェールに亀裂を入れ、そこから石油や天然ガスを吸い上げる。この技術の開発で世界中のシェール層から石油や天然ガスを掘削できる可能性が広がった。

じつは、これまで確認されていた石油や天然ガスの埋蔵量は、地球の化石燃料の２％程度に過ぎないともいわれている。シェールガス・シェールオイルの埋蔵量は、これまで知られている化石燃料の40倍とされ、可採年数が一気に数百年も延びるという。

世界のエネルギー事情が一変すると期待されているのだが、問題もある。一つは採掘のときに使われる大量の水と化学薬品などによる環境汚染だ。また、シェールガスもシェールオイルも燃やすと二酸化炭素を発生する。無尽蔵に使い続けると地球温暖化の問題がいっそう深刻になりかねない。

90 「フェルマーの最終定理」が解けたことで世の中の何が変わった？

フェルマーの最終定理とは「3以上の自然数nについて、『$X^n+Y^n=Z^n$』となる自然数のX、Y、Zの組み合わせは存在しない」というものだ。

フェルマーの最終定理が不思議なところは乗数nにある。nが2の場合は「$X^2+Y^2=Z^2$」となるX、Y、Zの組み合わせはいくつもある。「3と4と5」もそうだ。こうした数の組み合わせを「ピタゴラス数」と呼ぶ。nが2だといくつもあるのに、3以上になってしまうと「絶対にない」ということになる。

この定理は、17世紀のフランスの数学者フェルマーが死ぬ直前に書き残したとされている。フェルマーの死後、息子によってこの定理が発表されたが、長い間、証明も反証もされなかった。

定理とは公理によって証明されたものをいう。公理とは誰もが正しいと認めているもの。「2点を結ぶ直線は1本しかない」は有名な公理だ。定理は公理によって証明されるまでは「予想」と呼ばれる。フェルマーの最終定理もフェルマー自身は「証明できた」と書き残したが、長い間、誰も証明できず「フェルマー予想」と呼ばれることもあった。

フェルマー予想が定理となったのは発表から約３６０年後の１９９４年。イギリスの数学者ワイルズによって証明された。乗数nが2ではなく、３以上となっただけで証明に３００年以上もかかった。証明方法は数字者でも理解が困難だという。数字が無限であることを考えると、nやX、Y、Zに数字を当てはめていっても永遠に証明できないことはわかる。

ちなみに、フェルマーは、いくつもの定理を書き残している。どれも難解で、「素数の定理」は１７００年代の数学者オイラーが7年もかけて証明した。世界中の数学者が、フェルマーの数々の定理に挑戦してきた。それではフェルマーの最終定理が解けたことで、世の中がどう変わったのか。確実にいえるのは、フェルマーが残した「定理の謎」がすべて解けたということだろう。

91 どうやって大昔の人は1年が365日と知ったのか？

約6000年前、古代エジプト人はナイル川が毎年、夏に氾濫《はんらん》することに悩まされていた。あるとき、人々はナイル川が氾濫する時期には、太陽が昇る直前に東の空に明るい星（シリウス）が輝くことに気がついた。星の動きを観測したら、シリウスが約365日かけて元のように東の空に輝くことがわかった。そこで約365日を1年とする暦を作ったのだ。

92 時計はなぜ全世界で右回りと決まっているのか？

世界最古の時計は、古代エジプトの日時計とされている。地面に木や石の棒を垂直に立てて、太陽の動きによって変化する影の位置や長さから時刻を把握していた。北半球では地面に立てた棒の影は右回りで動く。日時計を元に時計の文字盤が開発されたため、時計は右回りになったのだ。北半球で右回りの時計が一気に普及したため、影が逆の動きをする南半球も含め、世界共通となったとされている。

93 高い山頂は太陽に近いのに、１年中雪が残っているのはなぜ？

富士山の頂上は地表より約25℃も気温が低い。だから斜面によっては夏でも雪が解けないこともある。なぜか。太陽の光はまず地表を暖め、その熱が地表付近の空気を暖め、徐々に上に伝わっていく。だから上に行くほど寒いのだが、気圧も関係する。上に行くほど気圧が下がり、空気が膨張することで熱が拡散する。１００メートル上昇するごとに０・６５℃気温が下がる計算だ。

94 風のない日でも海や湖に波が立つのはどうして？

海や湖に波が起こるのは風による。それでは、風がほとんどない日でも波が起こるのはなぜか。風は地球上のどこかでいつも吹いていると考えられる。浜辺でほとんど風がない日でも、遠くの海上では風による波が起こり、それが海岸まで伝わってくるのだ。

同じように湖でも岸辺では風がなくても、湖のどこかで吹いた風により波が立ち、それが伝播しているのだ。

95 低気圧だとどうして雨が降るのか？

気圧とは空気の圧力のこと。高気圧とは空気が厚く積み重なった状態で、そこには上から下へと下降気流が流れている。高気圧からは周囲へと空気が流れ出ているのだ。反対に、低気圧には周囲から空気が流れ込み上昇気流が発生している。水蒸気を含んだ空気は上昇し、冷やされると、上空で小さな水の粒になる。それが集まり雲になり、やがて雨を降らせるのだ。

96 雷はなぜゴロゴロと音がする？

雷の正体は電気だ。雲の中で雲の粒が擦れ合うと静電気が発生し、たまり過ぎると一気に放電する。電気は空気中を伝わりにくいが、雷の電圧は1億ボルトにも達し、無理やり空気中を進む。そのときの高熱で空気が爆発的に膨張し、激しく振動する。それがゴロゴロという音になって伝わる。稲妻がジグザグなのも空気中を無理やり進むため、一直線にならないのだ。

97 春になると強い風が吹く理由は？

春は風が強い季節だ。風速10メートル以上の強風日が最も多いのは4月で、例年3日ほどある。台風が多い9月ですら1日程度だ。春に強い風が吹くのは、日本の南北で温度差が大きくなるからだ。北の寒さと南の暖かさが交わる日本付近では、暖かい空気が強い上昇気流となり低気圧が発達する。周囲の気圧との高低差が大きくなり強い風が吹くのだ。

98 風が穏やかな日でもビル風が強いのはなぜ？

地上付近より高い場所のほうが風は強い。風を遮るものが少ないからだ。高い建物の上層部に強い風がぶつかると、圧力の高い空気の塊ができ、そこから建物の上下左右に風が吹き出す。中層部でも圧力を持った空気の塊ができ、上下左右へと風が吹き出す。これがビル風の原理だ。地上では風が穏やかでも、上層部や中層部の風が強い圧力で地上に吹きつけてくる。

99 遠くに見える水平線まで、どれくらい離れている？

広い海で遠くを見ると水平線が見える。いったい水平線まではどのくらいの距離なのだろうか。普通の人が浜辺に立って見ている場合には、じつは、わずか4～5キロ先が水平線になる。もちろん見ている場所の高さによっても異なる。高い場所から見ると、より遠くに水平線が見える。例えば、東京スカイツリーの展望台くらいの高さから海を見たとすると9〜10キロ程度先となる。

100 なぜヘビやカエルは冬眠中に心臓が止まらないのか？

ヘビやカエルなどの変温動物は、外気温が下がれば体温も下がる。体温が下がってしまうと活発に動くことはなくなり、それにともない新陳代謝も下がる。つまり、エネルギー消費が少なくなるのだ。この状態が冬眠だ。ヘビやカエルは、心臓を動かすといった必要最小限のエネルギーを蓄えてから冬眠に入ることで、心臓が止まってしまうことを防いでいる。

参考文献

『トコトンやさしい電気の本』谷腰欣司　日刊工業新聞社／『謎解き・海洋と大気の物理――地球規模でおきる「流れ」のしくみ』保坂直紀　講談社／『三省堂 新化学小事典』池田長生、小熊幸一（監修）、三省堂編修所（編集）　三省堂／『面白いほどよくわかる物理――地球物理、光と音、力と運動法則など物理学の基本を解説！』長沢光晴　日本文芸社／『面白いほどよくわかる化学――身近な疑問から人体・宇宙までミクロ世界の不思議発見！』大宮信光　日本文芸社／『生物用語集（駿台受験シリーズ）』吉田邦久　駿台文庫／『子どもの疑問からはじまる宇宙の謎解き――星はなぜ光り、宇宙はどうはじまったのか？』三島勇、保坂直紀　講談社／『子どものなぜ？に答える本』科学プロダクションコスモピア　丸善メイツ／『ふしぎの図鑑』白數哲久　小学館／『親も子も「わかった！」パパが教える科学の授業』もりした　宝島社／『どんどん知りたい科学の「なぜ」40』池内了（監修）　小学館／『理検の完全対策（3〜5級）』日本理科学検定協会　日本実業出版社／『科学検定公式問題集 3・4級 科学の見方と考え方の再発見』桑子研、竹田淳一郎、竹内薫（監修）　講談社／『10分で読めるわくわく科学 小学5・6年』荒俣宏（監修）　成美堂出版／『10分で読めるわくわく科学 小学3・4年』荒俣宏（監修）　成美堂出版／『なぜ？どうして？科学のお話5年生』科学のお話編集委員会（編集）　学研マーケティング／

『なぜ?どうして?科学のお話6年生』科学のお話編集委員会(編集) 学研マーケティング/『面白いほどよくわかる相対性理論――時空の歪みからブラックホールまで科学常識を覆した大理論の全貌』大宮信光 日本文芸社/『地球と宇宙の小事典』家正則 岩波書店/『物理の小事典』小島昌夫、鈴木皇 岩波書店/『光と電気のからくり――物を熱するとなぜ光るのか?』山田克哉 講談社/『新装版 電磁気学のABC――やさしい回路から「場」の考え方まで』福島肇 講談社/『光とは何か』江馬一弘 宝島社/『光と電磁気 ファラデーとマクスウェルが考えたこと 電場とは何か? 磁場とは何か?』小山慶太 講談社/『【改訂版】宇宙一わかりやすい高校化学』船登惟希 学研プラス/『宇宙と物理をめぐる十二の授業』牟田淳、オーム社/『岩波講座 物理の世界 地球と宇宙の物理〈2〉太陽圏の物理』寺沢敏夫 岩波書店/『岩波講座 物理の世界 地球と宇宙の物理〈4〉天体高エネルギー現象』高原文郎 岩波書店/『誰もがその先を聞きたくなる 理系の話大全』話題の達人倶楽部(編) 青春出版社/『話してウケる!不思議がわかる!理系のネタ全書』話題の達人倶楽部(編) 青春出版社/他

参考ホームページ

文部科学省、国立天文台、サントリー、宇宙科学研究所、宇宙科学研究所キッズサイト、R25、奈良地方気象台、FM横浜、朝日新聞DIGITAL、NATIONAL GEOGRAPHIC日本語版、独立行政法人製品評価技術基盤機構、セメダイン、日東電工、NHK、佐賀県、高知県工業振興課 海洋深層水推進室、宇宙航空研究開発機構（JAXA）、JAXA 宇宙情報センター、ファン！ファン！JAXA！、国立健康・栄養研究所 情報センター 健康食品情報研究室、大日本住友製薬、日本テレビ、第一三共ヘルスケア、カシオ計算機、パナソニック、ソニー、ニチレイ、東京大学宇宙線研究所、日本経済新聞、東北大学 ニュートリノ科学研究センター、岐阜県まるごと学園、ダイキン工業、関西電力、公益社団法人 発明協会、京都大学 iPS細胞研究所、東京工業大学、名古屋大学、名城大学、キヤノンサイエンスラボ・キッズ、日本水産、日本航空 航空豆知識、気象庁、アイティメディア、BS TBS メディカルα、国立研究開発法人 国立環境研究所、マルカワみそ、日経ウーマンオンライン、東京農業大学、学研教育情報資料センター、ニコン キッズアイランド、一般社団法人 日本養鶏協会、アサヒビール、日本酒造組合中央会他

青春文庫

日本人《にっぽんじん》の9割《わり》が答《こた》えられない 理系《りけい》の大疑問《だいぎもん》100

2017年5月20日　第1刷
2017年11月15日　第5刷

編　者　話題《わだい》の達人倶楽部《たつじんくらぶ》

発行者　小澤源太郎

責任編集　株式会社プライム涌光

発行所　株式会社青春出版社

〒162-0056　東京都新宿区若松町12-1
電話 03-3203-2850（編集部）
03-3207-1916（営業部）
振替番号　00190-7-98602

印刷／中央精版印刷
製本／フォーネット社
ISBN 978-4-413-09671-3